智能制造应用技术

主　编：高树国　赵法钦　刘晓杰　赵　莹

吉林大学出版社
·长春·

图书在版编目(CIP)数据

智能制造应用技术 / 高树国等主编. — 长春 : 吉林大学出版社, 2020.5

ISBN 978-7-5692-6494-4

Ⅰ. ①智… Ⅱ. ①高… Ⅲ. ①智能制造系统 Ⅳ. ① TH166

中国版本图书馆 CIP 数据核字 (2020) 第 078789 号

书　　名：智能制造应用技术
　　　　　ZHINENG ZHIZAO YINGYONG JISHU

作　　者：高树国等　主编
策划编辑：邵宇彤
责任编辑：刘守秀
责任校对：李潇潇
装帧设计：优盛文化
出版发行：吉林大学出版社
社　　址：长春市人民大街4059号
邮政编码：130021
发行电话：0431-89580028/29/21
网　　址：http://www.jlup.com.cn
电子邮箱：jdcbs@jlu.edu.cn
印　　刷：三河市华晨印务有限公司
成品尺寸：170mm×240mm　　16开
印　　张：15.75
字　　数：294千字
版　　次：2020年5月第1版
印　　次：2020年5月第1次
书　　号：ISBN 978-7-5692-6494-4
定　　价：69.00元

编委会

前　言

《中国制造 2025》明确指出，智能制造已成为我国现代先进制造业新的发展方向。全球各国都开始意识到先进技术对制造业的重要作用，德国提出的工业 4.0 战略将利用信息物理系统提升制造业水平。近几年我国制造走向智能制造的步伐加快，智能制造产业园区如雨后春笋般接连涌现，智能制造发展持续向好。

本书以国内主流、典型的华中智能制造系统应用平台为背景，紧紧围绕智能制造系统中的操作与编程等核心内容进行全面、系统的阐述。本书结合我国智能制造应用技术技能大赛的要求，从基础出发，着重提高编程人员和操作人员的理论知识水平及实践能力。书中图文并茂，由简单到复杂，使读者对工业机器人、数控车床、加工中心及 PLC 的操作都有一个直观的认识，对其内容也能有更深入的了解。

本书主要是面向高职、中职、技工院校智能制造技术的课程，针对学生基础较为薄弱的情况，从易到难，由浅入深，以图文并茂的方式介绍各工位所需的理论知识和实操技能。

本书共分为六个章节，内容包括概述、工业机器人操作及编程、数控机床及在线检测、华中数控系统 818A 操作说明、MES 系统操作及主控 PLC。

本书的特点主要体现在以下几个方面：

（1）以比赛为导向，以职业技能培养为目标，强调理论与实践的融合和知识之间的内在联系，突出内容的应用性和实践性。

（2）按照“管用、够用、实用”的原则对理论知识和专业知识内容进行编写。

（3）大部分内容采用“案例化”形式编写，将编程与操作紧密结合，突出实践环节，逐步引导读者学习。

本书由高树国、赵法钦、刘晓杰、赵莹担任主编，参加编写工作的还有薛超峰、崔朝兵、解恒奎、高广柱、王非、孟祥军、谭志勇、曹来领、鹿心玉、徐海英、张永良、刘田田、刘忠帅、刘腾飞、王霞、张艳和薛冰。

深圳技术大学中德智能制造学院国家级智能制造技能大师工作室带头人练军峰和菏泽市技师学院机械工程系高级技师鲍兆波在百忙之中审阅全部书稿，并提出诸多宝贵意见。对此深表感谢。

限于编者的水平和经验，书中难免有缺点和不足之处，敬请读者批评指正。

编　者

2020 年 1 月

前 言

目 录

第一章 概 述

第一节 智能制造概述

智能制造(intelligent manufacturing，IM)是一种由智能机器和人类专家共同组成的人机一体化智能系统，它在制造过程中能进行智能活动，诸如分析、推理、判断、构思和决策等，通过人与智能机器的合作共事，去扩大、延伸和部分地取代人类专家在制造过程中的脑力劳动。它把制造自动化的概念更新、扩展到柔性化、智能化和高度集成化。

一、基本原理

从智能制造系统的本质特征出发，在分布式制造网络环境中，我们可以根据分布式集成的基本思想，应用分布式人工智能中多 Agent 系统的理论与方法，实现制造单元的柔性智能化与基于网络的制造系统柔性智能化集成。根据分布系统的同构特征，在智能制造系统局域实现形式的基础上，我们进一步可以看出在基于 Internet 全球制造网络环境下，智能制造系统的实现模式。

智能制造系统的本质特征是个体制造单元的“自主性”与系统整体的“自组织能力”，其基本格局是分布式多自主体智能系统。基于这一思想，同时考虑基于 Internet 的全球制造网络环境，我们可以提出适用于中小企业单位的分布式网络化 IMS 的基本构架：一方面通过 Agent 赋予各制造单元以自主权，使其自治独立、功能完善；另一方面，通过 Agent 之间的协同与合作，赋予系统自组织能力。

基于以上构架，结合数控加工系统，开发分布式网络化原型系统相应地可由系统经理、任务规划、设计和生产者等四个结点组成。

系统经理结点包括数据库服务器和系统 Agent 两个数据库服务器。数据库服务器负责管理整个全局数据库，可供原型系统中获得权限的结点进行数据的查询、读取、存储和检索等操作，并为各结点进行数据交换与共享提供一个公共场所；系统Agent 则负责该系统在网络上与外部的交互，通过 Web 服务器在 Internet 上发布该系统的主页，网上用户可以通过访问主页获得系统的有关信息，并根据自己的需求，以决定是否由该系统满足这些需求，系统 Agent 还负责监视该原型系统上各个结点间的交互活动，如记录和实时显示结点间发送和接收消息的情况、任务的执行情况等。

任务规划结点由任务经理和它的代理（任务经理 Agent）组成，其主要功能是对从网上获取的任务进行规划，分解成若干子任务，然后通过招标—投标的方式将这些任务分配给各个结点。

设计结点由 CAD 工具和它的代理（设计 Agent）组成，它提供一个良好的人机界面以使设计人员能有效地和计算机进行交互，共同完成设计任务。CAD 工具用于帮助设计人员根据用户要求进行产品设计；而设计 Agent 则负责网络注册、取消注册、数据库管理、与其他结点的交互、决定是否接受设计任务和向任务发送者提交任务等事务。

生产者结点实际是该项目研究开发的一个智能制造系统（智能制造单元），包括加工中心和它的网络代理（机床 Agent）。该加工中心配置了智能自适应。该数控系统通过智能控制器控制加工过程，以充分发挥自动化加工设备的加工潜力，提高加工效率；具有一定的自诊断和自修复能力，以提高加工设备运行的可靠性和安全性；具有和外部环境交互的能力；具有开放式的体系结构以支持系统集成和扩展。

二、发展轨迹

智能制造源于人工智能的研究。人工智能就是指由人制造出来的机器所表现出来的智能。通常人工智能是指通过普通计算机程序来呈现人类智能的技术。随着产品性能的完善，智能信息库及其结构的复杂化、精细化以及功能的多样化，产品所包含的设计信息和工艺信息量猛增，随之生产线和生产设备内部的信息流量增加，制造过程和管理工作的信息量也必然剧增，因而促使制造技术发展的热点与前沿转向了提高制造系统对于爆炸性增长的制造信息处理的能力、效率及规模上。先进的制造设备离开了信息的输入就无法运转，柔性制造系统（FMS）一旦被切断信息来源就会立刻停止工作。专家认为，制造系统正在由原先的能量驱动型转变为信息驱动型，这就要求制造系统不但要具备柔性，还要表现出智能，否则是难以处理如此大量而复杂的信息工作量的。其次，瞬息万变的市场需求和激烈竞争的复杂环境，也要求制造系统表现出更高的灵活性、敏捷性和智能性。因此，智能制造越来越受到高度的重视。纵览全球，虽然总体而言智能制造尚处于概念和实验阶段，但各国政府均将此列入国家发展计划，大力推动实施。

1992 年，美国执行新技术政策，大力支持被总统所称的关键重大技术 (critical technology)，包括信息技术和新的制造工艺，智能制造技术也在其中，美国政府希望借助此举改造传统工业并启动新产业。

加拿大制定的 1994—1998 年发展战略计划认为，未来知识密集型产业是驱动全球经济和加拿大经济发展的基础，发展和应用智能系统至关重要，并将具体研究项目选择为智能计算机、人机界面、机械传感器、机器人控制、新装置、动态环境下系统集成。

日本在 1989 年提出了智能制造系统，且于 1994 年启动了先进制造国际合作研究项目，包括公司集成和全球制造、制造知识体系、分布智能系统控制、快速产品实现的分布智能系统技术等。

欧洲联盟的信息技术相关研究有 ESPRIT 项目，该项目大力资助有市场潜力的信息技术。1994 年又启动了新的 R&D 项目，选择了 39 项核心技术，其中三项（信息技术、分子生物学和先进制造技术）均突出了智能制造。

中国在 20 世纪 80 年代末也将“智能模拟”列入国家科技发展规划的主要课题，已在专家系统、模式识别、机器人、汉语机器理解方面取得了一批成果。国家科技部正式提出了“工业智能工程”，作为技术创新计划中创新能力建设的重要组成部分，智能制造是该项工程中的重要内容。

进入 21 世纪，德国、美国、英国等发达国家相继颁布了一系列政策文件，德国 2013 年发布《保障德国制造业的未来：关于实施工业 4.0 战略的建议》，提出“工业 4.0”战略。2017 年 1 月，英国政府正式推出了以“工业数字化”为核心的《工业战略白皮书——建设适合未来的英国》。美国从金融危机以来，连续出台《重振美国制造业框架》《制造业促进法案》《先进制造业伙伴计划》《互联网到机器人发展路线图》等政策文件。中国 2015 年 5 月，国务院出台了《中国制造 2025》，提出了五大重点工程，其中智能制造工程就是其中重点实施工程之一。

由此可见，智能制造正在世界范围内兴起，它是制造技术发展，特别是制造信息技术发展的必然，是自动化和集成技术向纵深发展的结果。

智能装备面向传统产业改造提升和战略性新兴产业发展需求，重点包括智能仪器仪表与控制系统、关键零部件及通用部件、智能专用装备等。它能实现各种制造过程自动化、智能化、精益化、绿色化，带动装备制造业整体技术水平的提升。

三、发展前景

（1）人工智能技术。因为 IMS 的目标是计算机模拟制造业人类专家的智能活动，从而取代或延伸人的部分脑力劳动，因此人工智能技术成为 IMS 关键技术之一。IMS 与人工智能技术（专家系统、人工神经网络、模糊逻辑）息息相关。

（2）并行工程。对制造业而言，并行工程是一种重要的技术方法学，应用于 IMS 中，将最大限度地减少产品设计的盲目性和设计的重复性。

（3）信息网络技术。信息网络技术是制造过程的系统和各个环节智能集成化的支撑。信息网络也是制造信息及知识流动的通道。

（4）虚拟制造技术。虚拟制造技术可以在产品设计阶段就模拟出该产品的整个生命周期，从而更有效、更经济、更灵活地组织生产，实现了产品开发周期最短、产品成本最低、产品质量最优、生产效率最高的保证。同时，虚拟制造技术也是并行工程实现的必要前提。

（5）自律能力构筑。即收集和理解环境信息和自身的信息，并进行分析、判断和规划自身行为的能力。强大的知识库和基于知识的模型是自律能力的基础。

（6）人机一体化。智能制造系统不单单是人工智能系统，而且是人机一体化智能系统，是一种混合智能。想以人工智能全面取代制造过程中人类专家的智能，独立承担分析、判断、决策等任务，目前来说是不现实的。人机一体化突出人在制造系统中的核心地位，同时在智能机器的配合下更好地发挥人的潜能，达到一种相互协作平等共事的关系，使二者在不同层次上各显其能，相辅相成。

（7）自组织和超柔性。智能制造系统中的各组成单元能够依据工作任务的需要，自行组成一种最佳结构，使其柔性不仅表现在运行方式上，而且表现在结构形式上，所以称这种柔性为超柔性，类似于生物所具有的特征，如同一群人类专家组成的整体。

第二节　工业机器人概述

世界上工业机器人萌芽于 20 世纪 50 年代的美国，经过数十年的发展，机器人已被不断地应用于人类社会很多领域，正如计算机技术一样，机器人技术正在日益改变着我们的生产方式，以至今后的生活方式。我们有必要以极大的兴趣关注它的发展，研究它的未来，迎接它给我们带来的机遇。

一、工业机器人定义

（一）美国 RIA

机器人是设计用来搬运物料、部件、工具或专门装置的可重复编程的多功能操作器，并可通过改变程序的方法完成各种不同任务。

（二）日本 JIRA

工业机器人是“一种装备有记忆装置和末端执行器的能够完成各种移动来代替人类劳动的通用机器”。

（三）国际 IOS

机器人是一种自动的、位置可控的、具有编程能力的多功能操作机。这种操作机具有多个轴，能够借助可编程操作来处理各种材料、零部件、工具和专用装置，以执行各种任务。

（四）中国

机器人是一种自动定位控制、可重复编程、多功能的、多自由度的操作机。操作机的定义为：“具有和人手臂相似的动作功能，可以在空间抓取物体或进行其他操作的机械装置。”

二、工业机器人发展史

《2013—2017 年中国工业机器人行业产销需求预测与转型升级分析报告》显示，全球工业机器人的应用领域有所扩大。2010 年，在德国市场，除了汽车行业，食品行业也显著增加了机器人的利用。另外，在药品、化妆品行业和塑料行业，机器人的投资潜力巨大。预计亚洲将成为工业机器人行业发展最快的地区。

截至 2010 年末，中国正在运行中的工业机器人数量超过 5 万台，应用程度与发达国家相比存在较大差距，如运行数量约为日本的 1/10、德国的 1/4，可见中国工业机器人行业未来发展空间较大。

根据 2011 年 3 月发布的《中华人民共和国国民经济和社会发展第十二个五年规划纲要》，中国在“十二五”时期将加快发展战略性新型产业。国务院在相关决定中指出：“发展战略性新兴产业已成为世界主要国家抢占新一轮经济和科技发展制高点的重大战略。”战略性新兴产业包括高端装备制造产业、新材料产业、新能源产业及节能环保产业等。前瞻网分析预测，今后十年我国高端装备制造业的销售产值将占全部装备制造业销售产值的 30% 以上。工业机器人行业作为高端装备制造产业的重要组成部分，必将在此期间得到更多的政策扶持，实现进一步增长。

1920 年，捷克作家卡雷尔・卡佩克在其剧本《罗萨姆的万能机器人》中最早使用机器人一词，剧中机器人“Robot”这个词的本义是苦力，即剧作家笔下的一个具有人的外表、特征和功能的机器，是一种人造的劳力。它是最早的工业机器人设想。

1950 年，阿西莫夫的《我，机器人》(图 1-1)，由格诺姆出版社出版，其中提出著名的“机器人学三法则”。

图 1-1 阿西莫夫的《我，机器人》原著封面

1954 年，美国戴沃尔最早提出了工业机器人的概念，并申请了专利。该专利的要点是借助伺服技术控制机器人的关节，利用人手对机器人进行动作示教，机器人能实现动作的记录和再现。这就是所谓的示教再现机器人。现有的机器人差不多都采用这种控制方式。

1959 年，UNIMATION 公司的第一台工业机器人“Unimate”(图 1-2)在美国诞生，开创了机器人发展的新纪元，并于 1961 年在通用汽车公司安装运行。

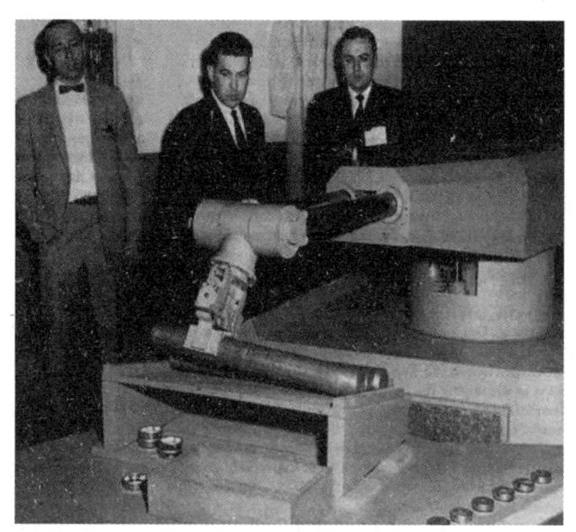

图 1-2 第一台工业机器人“Unimate”

1962 年，美国机械与铸造公司制造出世界上第一台圆柱坐标型工业机器人，命名为“Verstran”，同年该公司制造的 6 台 Verstran 机器人应用于美国的福特汽车生产厂。

1969 年，维克多·沙因曼在斯坦福大学发明制造出了一种利用电动电脑控制的机器人手臂，因其在斯坦福大学被发明而又称斯坦福手臂，它能精确地跟踪在空间的任意路径。

1973 年，第一台电驱动的 6 轴机器人面世。德国库卡公司将其使用的 Unimate 机器人研发改造成其第一台产业机器人，命名为 Famulus，这是世界上第一台电驱动的 6 轴机器人。

1978 年，美国 Unimation 公司推出通用工业机器人 PUMA，这标志着工业机器人技术已经完全成熟。日本山梨大学的牧野洋发明了选择顺应性装配机器手臂，这是世界第一台 SCARA 工业机器人（图 1-3）。

图 1-3 世界第一台 SCARA 工业机器人

1979 年，日本不二越株式会社研制出第一台电机驱动的机器人。

1985 年，工业机器人被列入了我国“七五”科技攻关计划研究重点，目标锁定在工业机器人基础技术，基础器件开发，搬运、喷涂和焊接机器人的开发研究等几个方面。同年，上海交通大学机器人研究所完成了“上海一号”弧焊机器人的研究，这是中国自主研制的第一台 6 自由度关节机器人。

三、工业机器人的特点

戴沃尔提出的工业机器人有以下特点：将数控机床的伺服轴与遥控操纵器的连杆机构链接在一起，预先设定的机械手动作经编程输入后，系统就可以离开人的辅助而独立运行。这种机器人还可以接受示教而完成各种简单的重复动作，在示教过程中，机械手可依次通过工作任务的各个位置，这些位置序列全部记录在存储器内，在任务的执行过程中，机器人的各个关节在伺服驱动下依次再现上述位置，故这种机器人的主要技术功能被称为“可编程”和“示教再现”。

1962 年，美国推出的一些工业机器人的控制方式与数控机床大致相似，但外形主要由类似人的手和臂组成。后来，出现了具有视觉传感器的、能识别与定位的工业机器人系统。

工业机器人最显著的特点有以下几个：

（1）可编程。生产自动化的进一步发展是柔性启动化。工业机器人可随其工作环境变化的需要而再编程，因此它在小批量、多品种、具有均衡高效率的柔性制造过程中能发挥很好的功用，是柔性制造系统中的一个重要组成部分。

（2）拟人化。工业机器人在机械结构上有类似人的行走、腰转、大臂、小臂、手腕、手爪等部分，在控制上有电脑。此外，智能化工业机器人还有许多类似人类的“生物传感器”，如皮肤型接触传感器、力传感器、负载传感器、视觉传感器、声觉传感器、语言功能等。传感器提高了工业机器人对周围环境的自适应能力。

（3）通用性。除了专门设计的专用的工业机器人外，一般工业机器人在执行不同的作业任务时具有较好的通用性。比如，更换工业机器人手部末端操作器（手爪、工具等）便可执行不同的作业任务。

（4）工业机器人技术涉及的学科相当广泛，归纳起来是机械学和微电子学的结合——机电一体化技术。第三代智能机器人不仅具有获取外部环境信息的各种传感器，而且具有记忆能力、语言理解能力、图像识别能力、推理判断能力等人工智能，这些都是微电子技术的应用，特别是与计算机技术的应用密切相关。因此，机器人技术的发展必将带动其他技术的发展，机器人技术的发展和应用水平也可以验证一个国家科学技术和工业技术的发展水平。

当今工业机器人技术正逐渐向着具有行走能力、多种感知能力、较强的对作业环境的自适应能力的方向发展。当前，对全球机器人技术的发展最有影响的国家是美国和日本。美国在工业机器人技术的综合研究水平上仍处于领先地位，而日本生产的工业机器人在数量、种类方面则居世界首位。

四、工业机器人的构造分类

工业机器人由主体、驱动系统和控制系统三个基本部分组成。主体即机座和执行机构，包括臂部、腕部和手部，有的机器人还有行走机构。大多数工业机器人有3～6个运动自由度，其中腕部通常有1～3个运动自由度；驱动系统包括动力装置和传动机构，用以使执行机构产生相应的动作；控制系统是按照输入的程序对驱动系统和执行机构发出指令信号，并进行控制。

工业机器人按臂部的运动形式分为四种。直角坐标型的臂部可沿三个直角坐标移动；圆柱坐标型的臂部可做升降、回转和伸缩动作；球坐标型的臂部能回转、俯仰和伸缩；关节型的臂部有多个转动关节。工业机器人按执行机构运动的控制机能，又可分点位型和连续轨迹型。点位型只控制执行机构由一点到另一点的准确定位，适用于机床上下料、点焊和一般搬运、装卸等作业；连续轨迹型可控制执行机构按给定轨迹运动，适用于连续焊接和涂装等作业。工业机器人如图1-4所示。

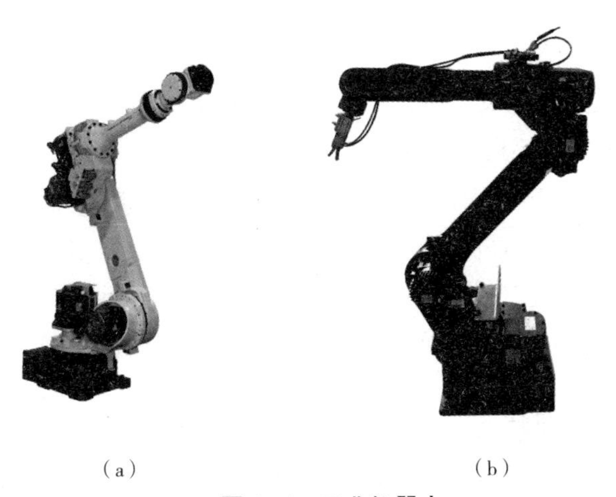

（a）　　（b）

图1-4　工业机器人

工业机器人按程序输入方式区分有编程输入型和示教输入型两类。编程输入型是将计算机上已编好的作业程序文件，通过 RS232 串口或者以太网等通信方式传送到机器人控制柜。

示教输入型的示教方法有两种：一种是由操作者用手动控制器（示教操纵盒），将指令信号传给驱动系统，使执行机构按要求的动作顺序和运动轨迹操演一遍；另一种是由操作者直接领动执行机构，按要求的动作顺序和运动轨迹操演一遍。在示教过程的同时，工作程序的信息即自动存入程序存储器中。在机器人自动工作时，控制系统从程序存储器中检出相应信息，将指令信号传给驱动机构，使执行机构再现示教的各种动作。示教输入程序的工业机器人称为示教再现型工业机器人。

具有触觉、力觉或简单的视觉的工业机器人，能在较为复杂的环境下工作，如具有识别功能或更进一步增加自适应、自学习功能，即成为智能型工业机器人。它能按照人给的“宏指令”自选或自编程序去适应环境，并自动完成更为复杂的工作。

五、工业机器人的应用

工业机器人最早应用于汽车制造行业，常用于焊接、喷漆、上下料和搬运。随着工业机器人技术应用范围的延伸和扩大，现在已可代替人类从事危险、有害、有毒、低温和高热等恶劣环境中的工作，还可以代替人类完成繁重、单调的重复劳动，并可提高劳动生产率，保证产品加工质量。工业机器人与数控加工中心、自动搬运小车以及自动检测系统可组成柔性制造系统 (FMS) 和计算机集成制造系统 (CIMS)，实现生产自动化。工业机器人主要应用于以下几个方面：

（1）恶劣工作环境及危险工作。工业机器人可代替人类，应用于压铸车间及核工业等有害于身体健康并危及生命，或不安全因素很大而不宜于人去做的作业领域，如核工业上沸水式反应堆燃料自动交换机等。

（2）特殊作业场合和极限作业。机器人可用于火山探险、深海探密和空间探索等对于人类来说是力所不能及的场合，如航天飞机上用来回收卫星的操作臂等。

（3）自动化生产领域早期的工业机器人在生产上主要用于机床上下料、点焊和喷漆。随着柔性自动化的出现，机器人在自动化生产领域扮演了更重要的角色。

六、工业机器人现状

自从 20 世纪 90 年代，世界工业机器人数量稳步增长，每年增长率保持在 10% 左右，截止到 2019 年世界上已拥有工业机器人数量达到 250 万台左右。据研究，大多数的现有工业机器人都在发达国家。例如，德国、日本和美国拥有的机器人数量占总量的 43% 左右。近年来，亚洲已成为世界机器人技术发展的高地，也成为了全球最重要的机器人市场。例如，中国、韩国、日本、以色列等国家都是机器人技术、产业、标准及市场发展活跃的区域。为推进亚洲各国共同探索、研究工业机器人的发展现状与趋势，有效加强工业机器人技术创新交流与产业合作，由中国电子学会、深圳市智能机器人研究院、韩国机器人协会、以色列机器人协会联合发起成立亚洲智能机器人联盟。力求推进全世界工业机器人更高、更快发展。

七、我国机器人工业回顾及发展趋势

（一）我国机器人工业回顾

我国机器人技术发展已有 30 多年的历史，特别是在“七五”计划期间，国家对机器人工业给予了足够的重视，投入了一定的资金，组织了全国近百个单位进行机器人技术攻关，开发出喷漆、焊接、搬运等工业机器人操作机、控制系统、驱动系统及相关的元器件，取得了 90 余项科研成果，形成了我国机器人研究开发的基本力量，为我国工业机器人的进一步发展打下了一定的基础。在此期间，我国机器人工业基本上实现了从无到有并进行了相关的应用开发，其中有代表性的产品有：①北京机械工业自动化研究所：PJ 系列喷涂机器人；②北京机床研究所：GJR-G1，G2 焊接及搬运机器人；③广州机床研究所：JRS-80 点焊机器人；④大连组合机床研究所：ZHS-R005 弧焊机器人；⑤中国科学院沈阳自动化研究所：中型水下机器人及机器人控制系统；⑥航天工业总公司 303 所：YZJJR30 搬运机器人；⑦沈阳工业大学：CR80-1 冲压机器人。

此外，还有冶金部自动化研究院、西安微电机研究所、北京谐波传动技术研究所、洛阳轴承研究所、航天工业总公司 609 所、林泉电机厂、北京科技大学、清华大学、北京航空航天大学、北京理工大学、华南理工大学、哈尔滨工业大学等在机器人控制装置、基础元器件和基础研究等方面做了大量工作。

（二）我国机器人工业的发展趋势

工业机器人是典型的机电一体化高技术产品。在许多生产领域，它对于提高生产自动化水平，提高劳动生产率、产品质量和经济效益，改善工人劳动条件的作用日渐显著，不少劳动条件恶劣、生产要求苛刻的场合，工业机器人代替人力劳动已是必然的趋势，国内各行各业对机器人的需求将越来越多，国内市场将稳步增长，根据现状，我国机器人工业未来的发展趋势将会怎样呢？我们分析将会呈现如下几个特点：

（1）从国际市场来看，机器人工业是一种高投入、低盈利的产业，市场竞争极为激烈。机器人工业必须上一定规模才有利润可言，才有必需的开发投入，才能走上良性循环发展的道路。世界上机器人年产量最大的三家公司分别是 ABB 公司、安川电机公司和 KUKA 公司，其中 ABB 公司达到 9 000 台，安川电机公司近 2 500 台，KUKA 公司近 2 000 台。从国内现状来看，大公司、大企业通过与外国机器人公司合资合作，引进技术和资金，逐步规模化生产机器人，把国内机器人产业推向了一个新的阶段，其中有代表性的，如首钢集团公司与安川电机公司合资的首钢莫托曼公司、唐山电子设备厂与松下电器公司合资的唐山松下产业机器有限公司、东风汽车公司与德国 KUKA 公司合作、济南二机床公司与美国 ISI 机器人公司合作等。这些合资合作的开展，将会有效地推动中国机器人工业的进步，全面促进中国机器人工业水平的提高，但是也会和其他外国机器人公司一样，冲击中国机器人市场，影响具有自主开发能力的中国机器人产业的形成，也会使国内其他的机器人生产厂家面临严峻的挑战。

（2）由注重机器人单机开发过渡到成套开发机器人应用系统。生产机器人多的大型公司可以凭借规模优势占据较大的市场份额，形成规模效益，而一些中小公司要想在激烈的市场竞争中求得生存，必须具有自己的特色。国外许多中小公司把自己的市场定位在机器人系统集成或某些有特长的领域，从而形成自己的局部优势，在市场中求得生存和发展，如奥地利 IGM 公司以向用户提供大型机器人焊接系统著称，机器人在系统中只占售价的 1/3 左右，卖单台机器人盈利甚微，而卖机器人系统却盈利可观。意大利 COMAU 公司以承接压机生产线见长，在这里，机器人系统是促进销售的关键。我国国内机器人生产厂家规模大都较小，甚至谈不上规模，而国内一般企业又没有能力将机器人有效地集成到生产系统中去，因此，那些进行系统集成并向用户提供一条龙服务的公司，在机器人市场中将有较强的竞争力。在国内机器人生产厂家中，北京机械工业自动化研究所以承接涂装自动化生产线见长，累计产值近 2 000 万元，中国科学院沈阳自动化研究所承接焊接生产线，累计产值近 5 000 万元，哈尔滨工业大学机器人研究所的机器人码垛生产线正在产业化，累计产值超千万元。

（3）机器人开发走开放型科研之路。国内通过“七五”机器人技术攻关，已具备了生产国产机器人的基础，但国产机器人无论是在技术上，还是在可靠性上，都与国外机器人差相当一段距离，要尽快缩短这种距离，必须走一条开放型的自主科研道路。

①多方筹措开发资金，通过政府部门投资、用户单位投资、自我积累、外商投

资、银行贷款等形式，筹措国产机器人的开发资金；

②消化和利用国外机器人技术、资料、样机和关键元器件，为我所用；

③选择引进国外质量可靠的机器人零部件和元器件；

④大力开展国内合作，利用国内技术优势，开发具有中国技术特色的国产机器人产品；

⑤注意机器人产品的高可靠性，使国产机器人的可靠性与国外机器人具有可比性，同时要做到低成本、易操作。

（4）机器人品种的多样化和应用领域的广泛化。我国机器人 20 世纪 80 年代起步之初，主要机型为喷漆、弧焊、点焊、搬运等，应用领域主要局限于汽车、摩托车、工程机械等，但是进入 20 世纪 90 年代以来，机型和领域均有了很大的发展，根据国内外机器人发展的趋势，我们分析认为，国内逐步开发出以下的机器人品种是合适的。

机器人机型：

①焊接机器人；②搬运机器人；③装配机器人；④喷涂机器人；⑤切割用机器人（水切割、激光切割、等离子切割）；⑥娱乐机器人；⑦水下机器人；⑧爬壁机器人；⑨管道机器人；⑩医疗服务机器人；⑪微型机器人；⑫多臂机器人；⑬行走机器人；⑭移动避障机器人。

第三节 智能制造单元实训平台概述

一、实训平台基本介绍

（一）产品特点及功能介绍

由武汉华中数控股份有限公司制造的切削加工智能制造单元实训平台，用于智能制造和智能控制等高素质复合型人才培养，促进教育教学改革和创新，引领智能制造紧缺人才培养方向和院校专业转型升级。

本生产线基本功能是通过机器人代替人工为加工中心上下料作业，实现上料、加工、检测、下料等过程自动化，提高产品生产过程的自动化程度，降低不良率，节省人力，提高产量和质量，达到工艺合理化。

HNC-ifactory-m2r1 型智能制造生产线如图 1-5 所示。

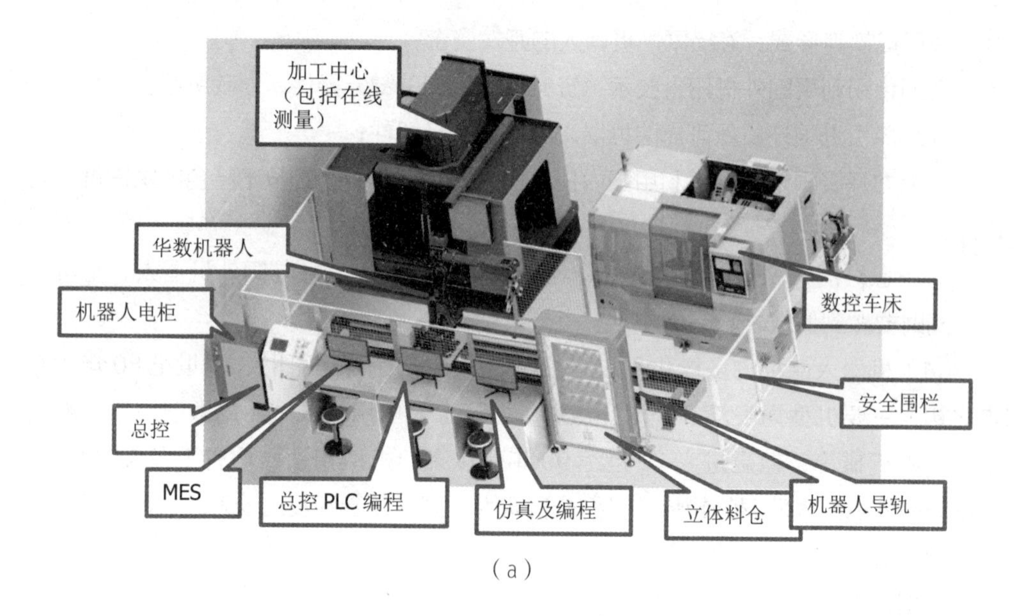

（a）

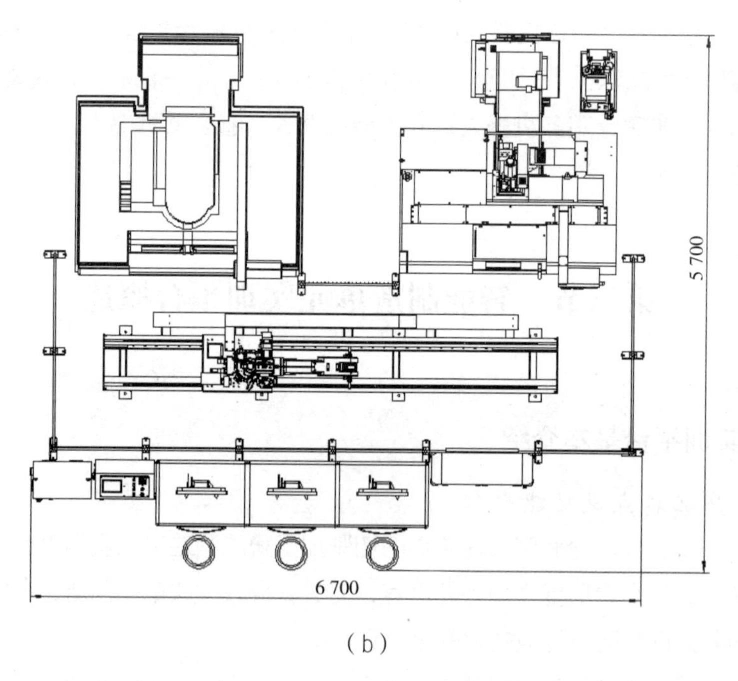

（b）

图 1-5　HNC-ifactory-m2r1 型智能制造生产线

（二）主要规格及技术参数

（1）占地面积：6 700 mm × 5 700 mm（长 × 宽）；

（2）法兰接口：六关节机器人 HSR-JR612；

（3）适应毛坯尺寸：直径 60mm，高 27mm。

（三）工作条件与工作环境

（1）工作电源：380 V 交流工频电源，供电负荷不小于 15 kV·A；

（2）气源压力：0.5 ~ 0.8 MPa；

（3）环境温度：0 ~ 45 ℃；

（4）相对湿度：≤ 75%；

（5）耗气量：150 L/min。

二、结构特征与工作原理

（一）总体布局及其工作特征和原理

HNC-ifactory-m2r1 型智能制造生产线运营与维护主要由高速加工中心（含在线检测）、数控车床、数字化立体料仓、工业机器人（HSR-JR612）、智能产线控制系统、智能安全防护系统等部分组成。

（二）主要功能单元介绍

（1）数控车床：为斜床身结构，正面配自动门，配自动吹扫装置，配以太网接口；机床内置摄像头，镜头前装有气动清洁喷嘴；配备华中数控 HNC-818T 数控系统，主轴、进给均为交流伺服电机。

（2）高速加工中心（含在线检测）：加工中心正面配自动门，配自动吹扫装置，配以太网接口；机床内置摄像头，镜头前装有气动清洁喷嘴；配华中数控 HNC-818B 数控系统，主轴、进给均为交流伺服电机。高速加工中心如图 1-6 所示。

（a）

（b）

图 1-6 高速加工中心（含在线检测）

（3）数字化立体料仓：带有安全防护外罩及安全门；立式料架的操作面板配备急停开关、解锁许可、门锁解除、运行；立体仓库工位设置 30 个，每层 6 个仓位，共 5 层，每个仓位均配置 RFID 芯片，其中 RFID 读写头安装在工业机器人夹具上；料位设置传感器和状态指示灯。数字化立体料仓如图 1-7 所示。

图 1-7　数字化立体料仓

（4）工业机器人（HSR-JR612）：为了提高机器人利用率，在机器人原有六个轴基础上增加一个可移动的第七轴，使机器人能够适应多工位、多机台、大跨度的复杂工作场所。手爪采用气动手指；手爪上两套夹爪呈 90°　；手爪安装扩散反射型光电开关，可检测机器人手爪有无抓取工件状态；手爪上安装 RFID 一体式读写器，可读写加工信息和加工状态。HSR-JR612 工业机器人如图 1-8 所示。

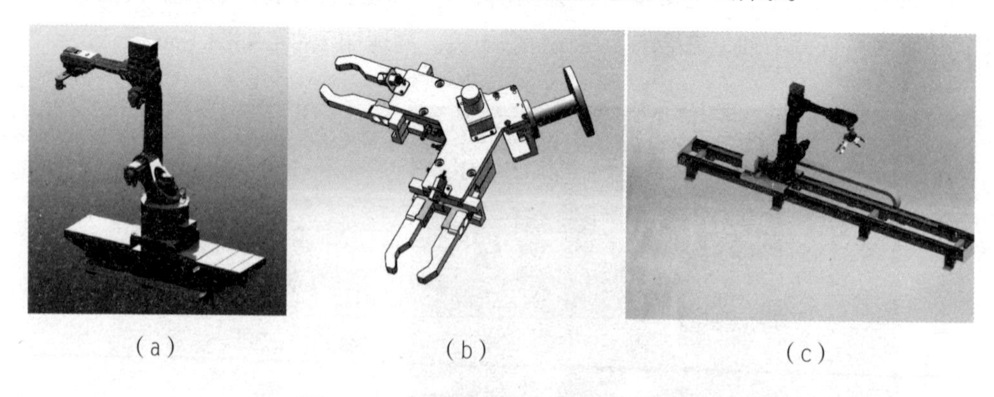

（a）　　（b）　　（c）

图 1-8　工业机器人（HSR-JR612）

（5）MES 系统：自动化加工订单管理；自动化加工数据；自动化加工工艺管理；自动化制造执行；产品数字化设计及编程。

（6）智能安全防护系统：围栏及带工业标准安全插销的安全门，防止出现工业机器人在自动运行过程中由于人员意外闯入而造成的安全事故；安全门打开时，除CNC 外的所有设备处于下电状态。

（7）中央电气控制系统：主控 PLC 采用西门子 S7-1215，并配有 Modbus TC/IP 通信模块；配有 16 口工业交换机；外部配线接口必须采用航空插头，方便设备拆装移动。中央电气控制系统如图 1-9 所示。

图 1-9 中央电气控制系统

（8）电子看板：三块显示屏幕，实时呈现总控管理、数控机床的运行状态、工件加工情况（加工前、加工中、加工后）、加工效果（合格、不合格）、加工日志、数据统计、大数据分析等内容。

三、开机操作顺序

（一）开机前准备

（1）检查各处螺栓、运动部件、安全防护装置等是否完好；

（2）接通经过干燥过滤的气源及保证气压稳定；

（3）确认周边设备的状态和周边环境是否符合开机条件。

（二）开机

1. 上气

打开总气阀开关，分别给工业机器人、数控机床等提供气源，检查是否有漏气现象，检查并调节气压使之能达到生产要求，以保障生产顺利进行。

2. 通电

（1）工业机器人通电。给工业机器人电柜通电，操作机器人电柜上旋转开关完成工业机器人的通电。

（2）数控机床通电。将数控机床对应负荷开关打开，操作加工中心电源按钮完成通电。

（3）智能产线控制系统通电。给智能产线控制系统通电。完成后急停复位，再操作负荷开关即可完成智能产线控制系统的通电。

四、停机操作顺序

（一）停机

（1）智能产线控制系统按下“停止”按钮，旋转负荷开关断电。

（2）待工业机器人停止运动。

（3）将机器人手动回到参考点位置。旋转机器人示教器上钥匙转换到手动 T1 模式，按下菜单键选择“显示变量位置”，点击面板上“JR1”，选择“修改”按键，左手按住手操盒背面上使能开关，点击面板上“MOVE 到点”。等待机器人回到参考点位置不动。

（4）加工中心单元回零完成后断电。

（5）关闭整体电源，关闭气源开关。

（二）停机后工作

（1）清理各设备杂质；

（2）打扫卫生，保持设备清洁。

第二章　工业机器人操作及编程

第一节　机器人操作及相关参数设置方法

一、华数Ⅱ型机器人系统结构

华数Ⅱ型机器人系统包含以下四部分：机械手、连接电缆、电控系统、HSpad示教器。其连接关系如图 2-1 所示。

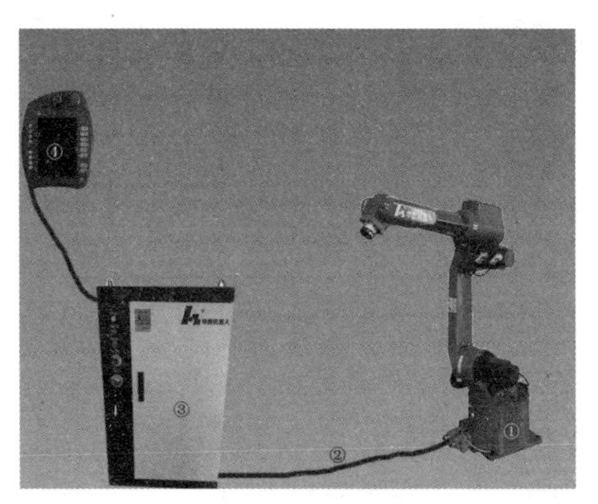

①机械手；②连接电缆；③电控系统；④ HSpad 示教器

图 2-1　HSpad 和华数机器人连接图

二、机械手结构组成

工业机器人（HSR-JR612）机械手结构包括基座、机身、大臂、小臂、腕部、手部六部分，如图 2-2 所示。

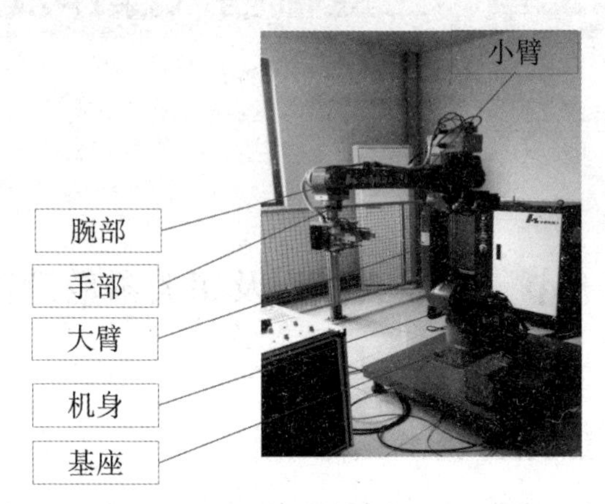

图 2-2　机械手结构组成

三、关节的概念及类型

在机器人结构中，两相邻的连杆之间有一个公共的轴线，两杆之间允许沿该轴线相对移动或绕该轴线相对转动，构成一个关节。

机器人关节的种类决定了机器人的运动自由度，转动关节、移动关节、球面关节和虎克铰关节是机器人结构中经常使用的关节类型。本系统所有机器人均采用转动关节。

612 型 6 轴机器人的关节采用的都是转动关节，其单轴自由度皆为 1 个自由度。故 612 机器人为 6 自由度工业机器人，负载 12kg。

612 型 6 轴机器人的关节包括腰关节（A1）、肩关节（A2）、肘关节（A3）、腕关节（A4，A5，A6），如图 2-3 所示。

转动方向使用右手螺旋定则判定，大拇指指向末端执行器。俯视下，水平关节逆时针为正，顺时针为负；前视下，垂直关节俯视为正，仰视为负。

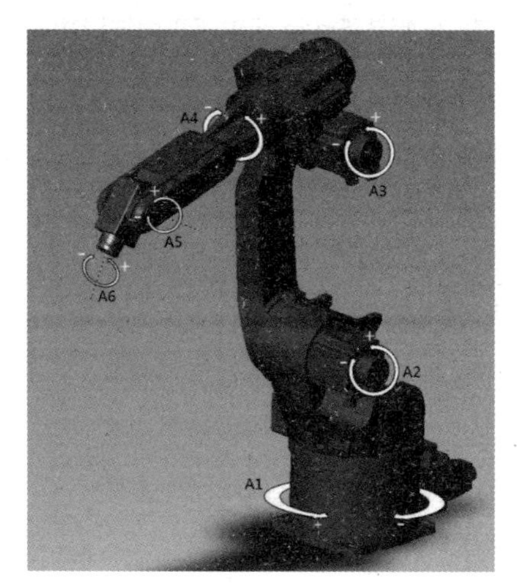

图 2-3　612 型 6 轴机器人的关节

四、HSpad 示教器

（一）HSpad 示教器按键、接口功能

图 2-4 所示为 HSpad 示教器正面，按键功能说明见表 2-1。

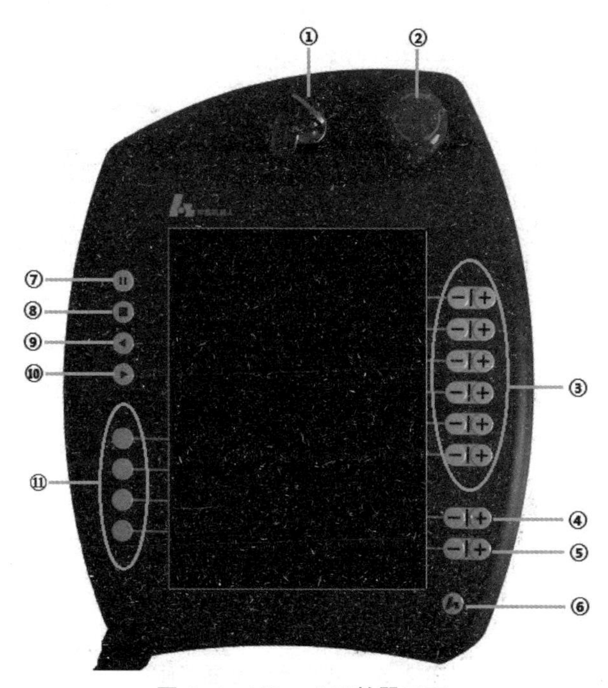

图 2-4　HSpad 示教器正面

表 2-1　HSpad 示教器正面按键功能

序　号	功　能
①	用于调出连接控制器的钥匙开关。只有插入了钥匙后，状态才可以被转换。可以通过连接控制器切换运行模式
②	紧急停止按键。用于在危险情况下使机器人停机
③	点动运行键。用于手动移动机器人
④	用于设定程序调节量的按键。自动运行倍率调节
⑤	用于设定手动调节量的按键。手动运行倍率调节
⑥	菜单按钮。可进行菜单和文件导航器之间的切换
⑦	暂停按钮。运行程序时，暂停运行
⑧	停止键。可停止正在运行中的程序
⑨	预留
⑩	开始运行键。在加载程序成功时，点击该按键后开始运行
⑪	辅助按键

图 2-5 所示为 HSpad 示教器背面，按键功能说明见表 2-2。

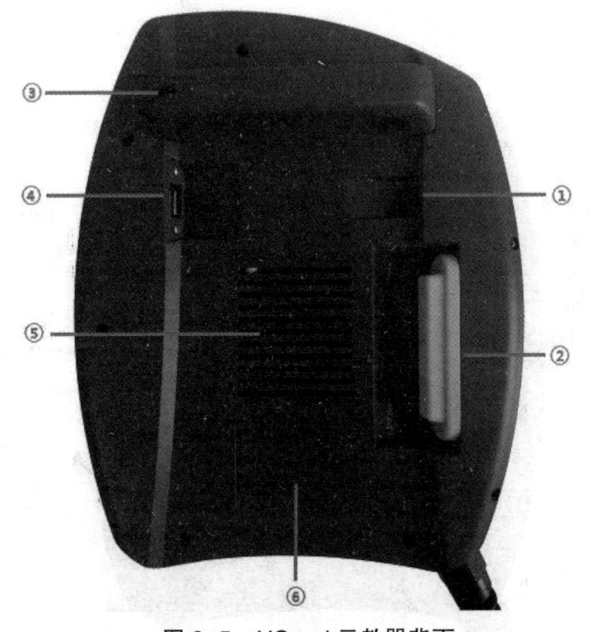

图 2-5　HSpad 示教器背面

表 2-2　HSpad 示教器背面按键功能

序　号	功　能
①	调试接口
②	三段式安全开关 安全开关有三个位置：(1) 未按下；(2) 中间位置；(3) 完全按下。 在运行方式手动 T1 或手动 T2 中，确认开关必须保持在中间位置，方可使机器人运动。 在采用自动运行模式时，安全开关不起作用
③	HSpad 触摸屏手写笔插槽
④	优盘 USB 接口。 USB 接口被用于存档 / 还原等操作
⑤	散热口
⑥	HSpad 标签型号粘贴处

（二）HSpad 操作界面介绍

HSpad 操作界面如图 2-6 所示。操作界面说明见表 2-3。

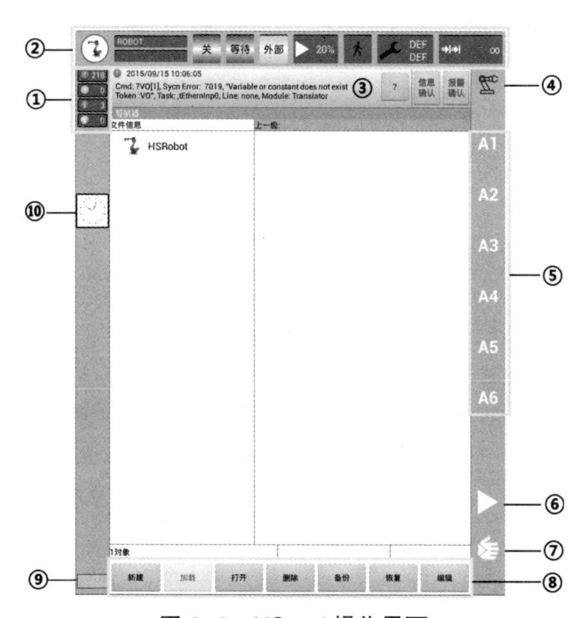

图 2-6　HSpad 操作界面

表 2-3 HSpad 操作界面说明

序 号	说明
①	信息提示计数器 信息提示计数器提示每种信息类型各有多少条等待处理。触摸信息提示计数器可放大显示
②	状态栏
③	信息窗口 根据默认设置将只显示最后“w”一个信息提示。触摸信息窗口可显示信息列表，列表中会显示所有待处理的信息 可以被确认的信息可用确认键确认 “信息”确认键确认所有除错误信息以外的信息 “报警”确认键确认所有错误信息 “？”按键可显示当前信息的详细信息
④	坐标系状态 触摸该图标可以显示所有坐标系，并进行选择
⑤	点动运行指示 如果选择了与轴相关的运行，这里将显示轴号（A1，A2 等）。如果选择了笛卡儿式运行，这里将显示坐标系的方向（X，Y，Z，A，B，C） 触摸图标会显示运动系统组选择窗口。选择组后，将显示为相应组中所对应的名称
⑥	自动倍率修调图标
⑦	手动倍率修调图标
⑧	操作菜单栏 用于程序文件的相关操作
⑨	网络状态 红色为网络连接错误，检查网络线路问题 黄色为网络连接成功，但初始化控制器未完成，无法控制机器人运动 绿色为网络初始化成功，HSpad 正常连接控制器，可控制机器人运动
⑩	时钟 时钟可显示系统时间。点击时钟图标就会以数码形式显示系统时间和当前系统的运行时间

状态栏显示工业机器人设置的状态。多数情况下通过点击图标就会打开一个窗口，可在打开的窗口中更改设置。HSpad 操作界面状态栏如图 2-7 所示，其标签项说明见表 2-4。

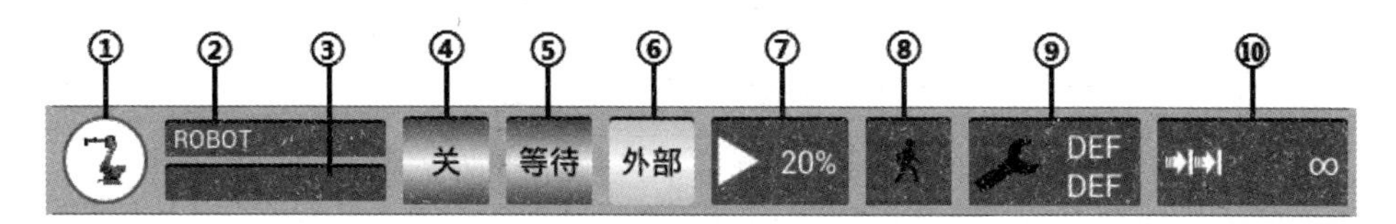

图 2-7　HSpad 状态栏

表 2-4　HSpad 状态栏标签项说明

标签项	说　明
1	菜单键 功能同菜单按键功能
2	机器人名 显示当前机器人的名称
3	加载程序名称 在加载程序之后，会显示当前加载的程序名
4	使能状态 绿色并且显示“开”，表示当前使能打开 红色并且显示“关”，表示当前使能关闭 点击可打开使能设置窗口，在自动模式下点击“开 / 关”可设置使能开关状态。窗口中可显示安全开关的按下状态
5	程序运行状态 自动运行时，显示当前程序的运行状态
6	模式状态显示 模式可以通过钥匙开关设置，可设置为手动模式、自动模式、外部模式
7	倍率修调显示 切换模式时会显示当前模式的倍率修调值 触摸会打开设置窗口，可通过加 / 减键以 1% 的单位进行加减设置，也可通过滑块左右拖动设置
8	程序运行方式状态 在自动运行模式下只能是连续运行，手动 T1 和手动 T2 模式下可设置为单步或连续运行 触摸会打开设置窗口，在手动 T1 和手动 T2 模式下可点击“连续 / 单步”按钮进行运行方式切换

续 表

标签项	说 明
9	激活基坐标 / 工具显示 触摸会打开窗口，点击“工具和基坐标”选择相应的工具和基坐标进行设置
10	增量模式显示 在手动 T1 或者手动 T2 模式下触摸可打开窗口，点击相应的选项设置增量模式

1. 主菜单调用方法

点击主菜单图标或按键，窗口主菜单打开。再次点击主菜单图标或按键，关闭主菜单。主菜单窗口属性如图 2-8 所示。

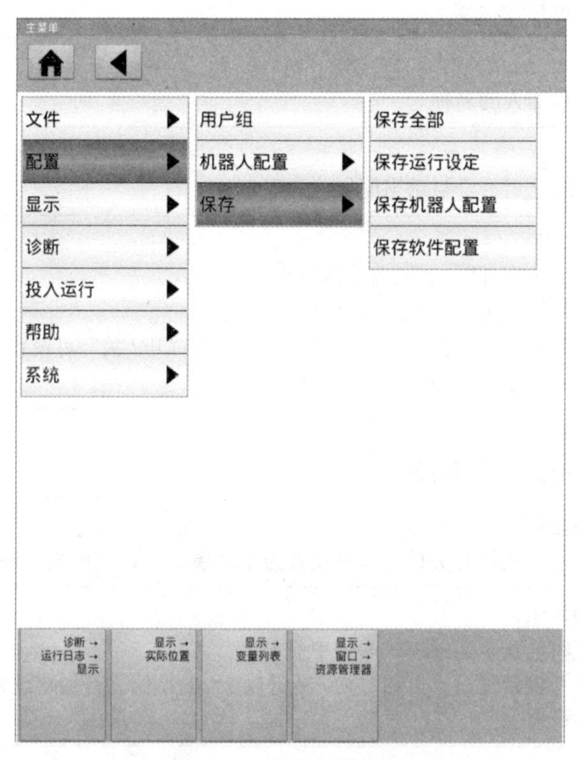

图 2-8 HSpad 主菜单

2. 切换运行方式

切换运行方式的条件：

（1）机器人控制器未加载任何程序；

（2）具备连接示教器钥匙开关的钥匙。

切换运行方式窗口如图 2-9 所示，运行方式及其应用与速度见表 2-5。

图 2-9　切换运行方式窗口

表 2-5　运行方式及其应用与表演

运行方式	应　用	速　度
手动 T1	用于低速测试运行、编程和示教	编程示教： 编程速度最高 125 mm/s 手动运行： 手动运行速度最高 125 mm/s
手动 T2	用于高速测试运行、编程和示教	编程示教： 编程速度最高 250 mm/s 手动运行： 手动运行速度最高 250 mm/s
自动模式	用于不带外部控制系统的工业机器人	程序运行速度： 程序设置的编程速度 手动运行： 禁止手动运行
外部模式	用于带有外部控制系统（例如 PLC）的工业机器人	程序运行速度： 程序设置的编程速度 手动运行： 禁止手动运行

注意：在程序已加载或者运行期间，运行方式不可更改。

3. 手动运行机器人

手动运行机器人分为两种方式：一种是笛卡儿式运行，即 TCP 沿着一个坐标系的正向或反向运行。另一种是与轴相关的运行，即每个轴均可以独立地正向或反向运行（图 2-10）。

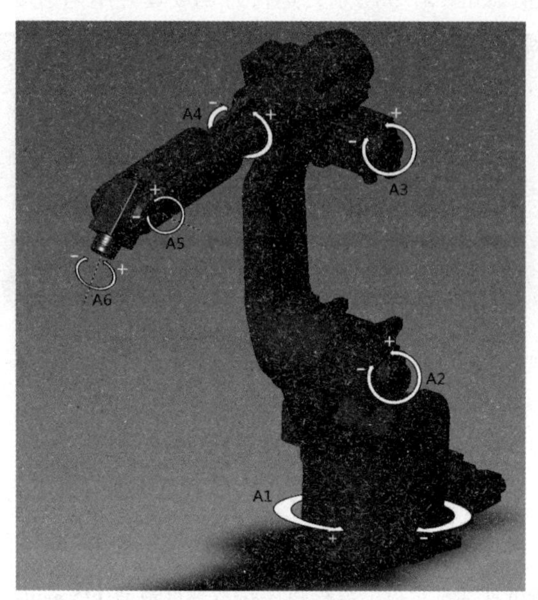

图 2-10 机器人轴方向

（1）手动倍率修调：手动倍率是手动运行时机器人的速度。它以百分比表示，以机器人在手动运行时的最大速度为基准。手动 T1 为 125 mm/s，手动 T2 为 250 mm/s。图 2-11 所示为倍率修调界面。

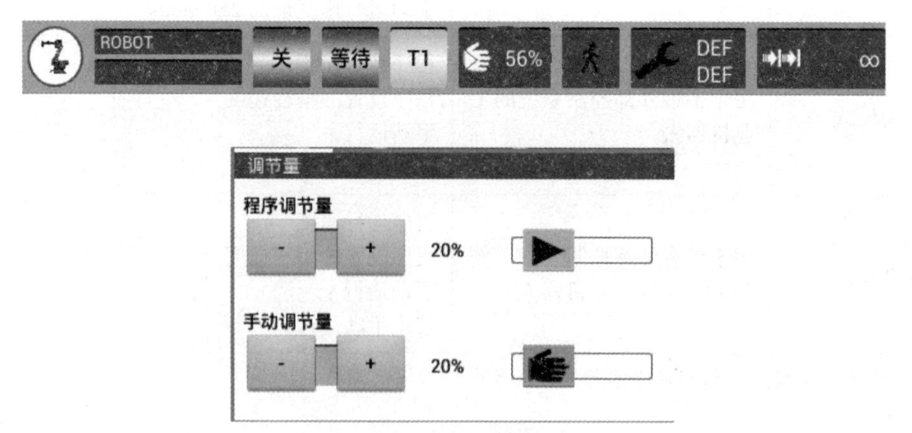

图 2-11 倍率修调界面

触摸倍率修调状态图标，打开倍率调节量窗口，按下相应按钮或者拖动后倍率将被调节。设定所希望的手动倍率，可通过正负键或通过调节器进行设定。正负键可以以 100%，75%，50%，30%，10%，3%，1% 步距为单位进行设定；调节器可以以 1% 步距为单位进行更改。

重新触摸状态显示手动模式下的倍率修调（或触摸窗口外的区域），窗口关闭并应用所设定的倍率。

（2）机器人运动坐标模式：当机器人运行方式为手动 T1 或手动 T2 时，可通过图 2-12 的坐标模式选择界面进行手动操作。

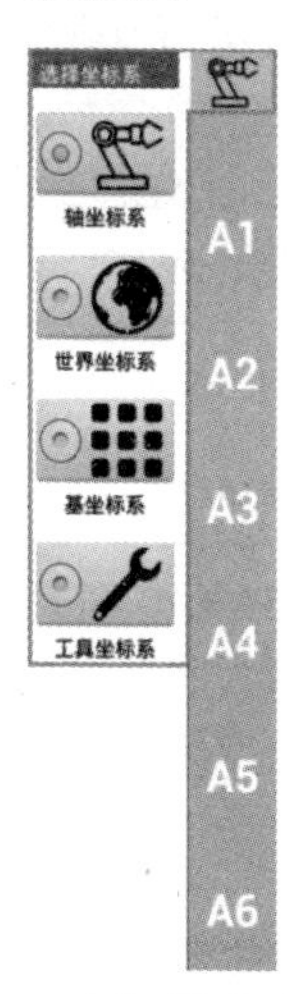

图 2-12　坐标模式选择界面

选择运行键的坐标系统为：轴坐标系。运行键旁边会显示 A1 ~ A6。按住安全开关，此时使能处于打开状态。按下正或负运行键，以使机器人轴朝正或反方向运动。

选择运行键的坐标系统为：世界坐标系、基坐标系或工具坐标系。运行键旁边会显示以下名称：*X*，*Y*，*Z*——用于沿选定坐标系的轴进行线性运动；*A*，*B*，*C*——用于沿选定坐标系的轴进行旋转运动。按住安全开关，此时使能处于打开状态。按下正或负运行键，以使机器人朝正或反方向运动。

（三）增量式手动模式

增量式手动运行模式可以使机器人移动所定义的距离，如 10 mm 或 3°。增量单位为 mm，适用于在 *X*，*Y* 或 *Z* 方向的笛卡儿运动。以度为单位的增量适用于在 *A*，*B* 或 *C* 方向的笛卡儿运动或与轴相关的运动。

应用范围：

（1）以同等间距进行点的定位；

（2）从一个位置移出所定义距离，如在故障情况下；

（3）使用测量表调整。

下列选项可供使用如图 2-13 所示。

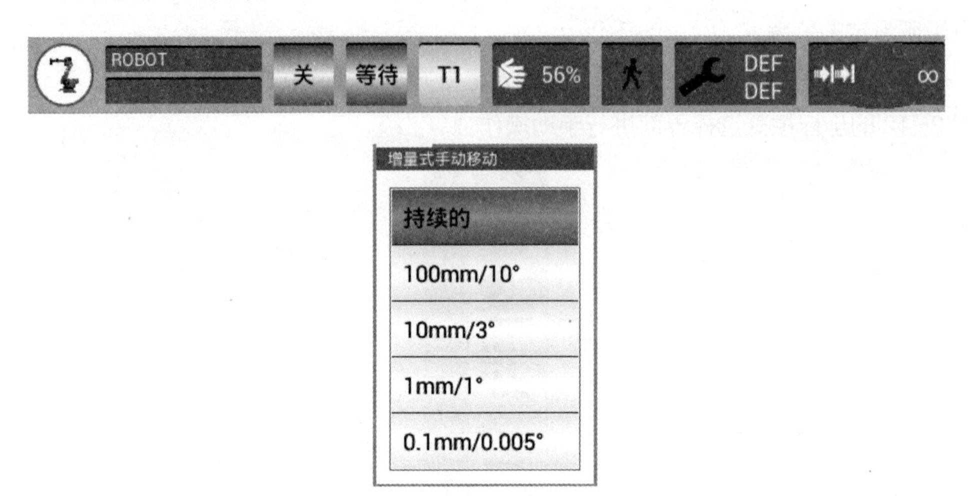

图 2-13　增量式手动移动选项

表 2-6　增量式手动移动选项设置说明

设　置	说　明
持续的	已关闭增量式手动移动
100mm/10°	1 增量 = 100 mm 或 10°
10mm/3°	1 增量 = 10 mm 或 3°
1mm/1°	1 增量 = 1 mm 或 1°
0.1mm/0.005°	1 增量 = 0.1 mm 或 0.005°

点击“增量状态”图标，打开“增量式手动移动”窗口，选择增量移动方式。用运行键运行机器人，可以采用笛卡儿或与轴相关的模式运行。如果已达到设定的增量，则机器人停止运行。

（四）手动运行附加轴

机器人运行方式采用手动 T1 或者手动 T2 模式时，可选择附加轴运动模式控制附加轴的运动，如图 2-14 所示。

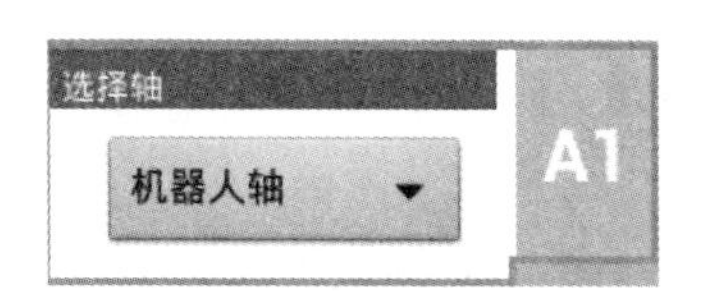

图 2-14　附加轴选择界面

点击“任意运行键“图标，打开“选择轴”窗口，选择所希望的运动系统组，如附加轴。按下正或负运行键，以使轴朝正方向或反方向运动。

根据不同的设备配置，可能还有下列运动系统组，如表 2-7 所示。

表 2-7　运动系统组及其说明

运动系统组	说　明
机器人轴	用运行键可运行机器人轴，附加轴则无法运行
附加轴	用运行键可运行所有已配置的附加轴，如附加轴 E1 ～ E5 依次对应手动运行按键

五、坐标系

在机器人控制系统中定义了轴坐标系、世界坐标系、基坐标系、工具坐标系等坐标系，如图 2-15 所示。

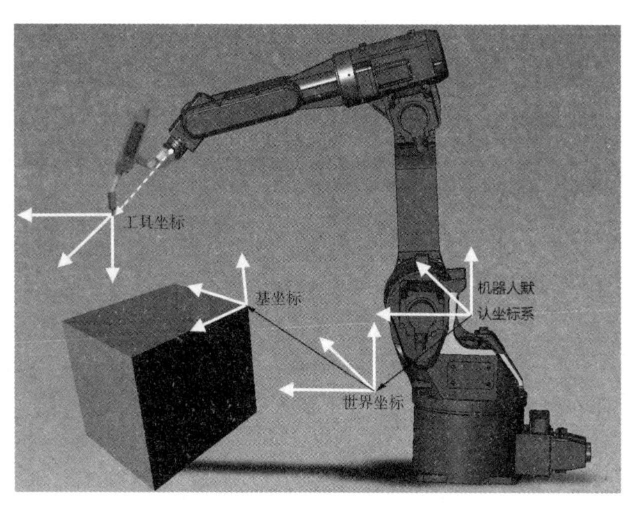

图 2-15　机器人坐标系

（一）轴坐标系

轴坐标系为机器人单个轴的运行坐标系，可针对单个轴进行操作。

（二）机器人默认坐标系

机器人默认坐标系是一个笛卡儿坐标系，固定位于机器人底部，如图 2–15 所示。它可以根据世界坐标系说明机器人的位置。

（三）世界坐标系

世界坐标系是一个固定的笛卡儿坐标系，是机器人默认坐标系和基坐标系的原点坐标系。在默认配置中，世界坐标系与机器人默认坐标系是一致的。

（四）基坐标系

基坐标系是一个笛卡儿坐标系，用来说明工件的位置。

默认配置中，基坐标系与机器人默认坐标系是一致的。修改基坐标系后，机器人即按照设置的坐标系运动。

（五）工具坐标系

工具坐标系是一个笛卡儿坐标系，位于工具的工作点中。

在默认配置中，工具坐标系的原点在法兰中心点上。工具坐标系由用户移入工具的工作点。

六、显示功能

（一）显示数字输入 / 输出端

图 2–16 所示为数字输入 / 输出显示界面，表 2–8 为界面说明。

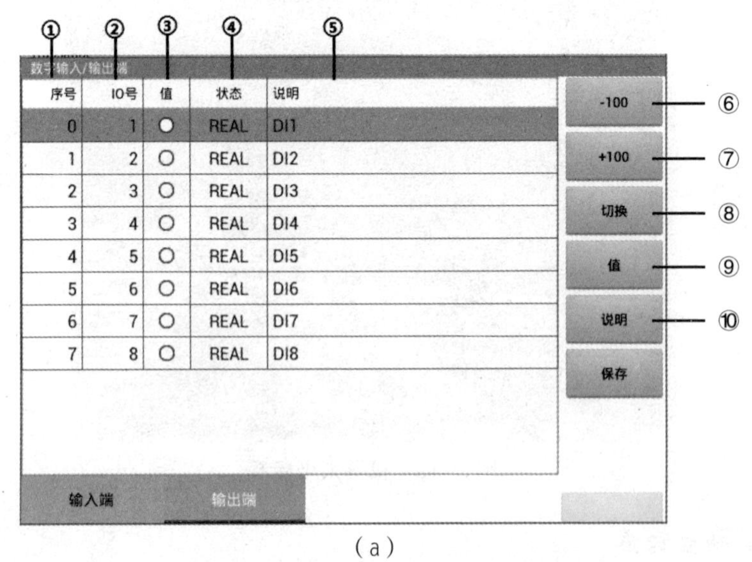

（a）

图 2–16　数字输入 / 输出显示界面

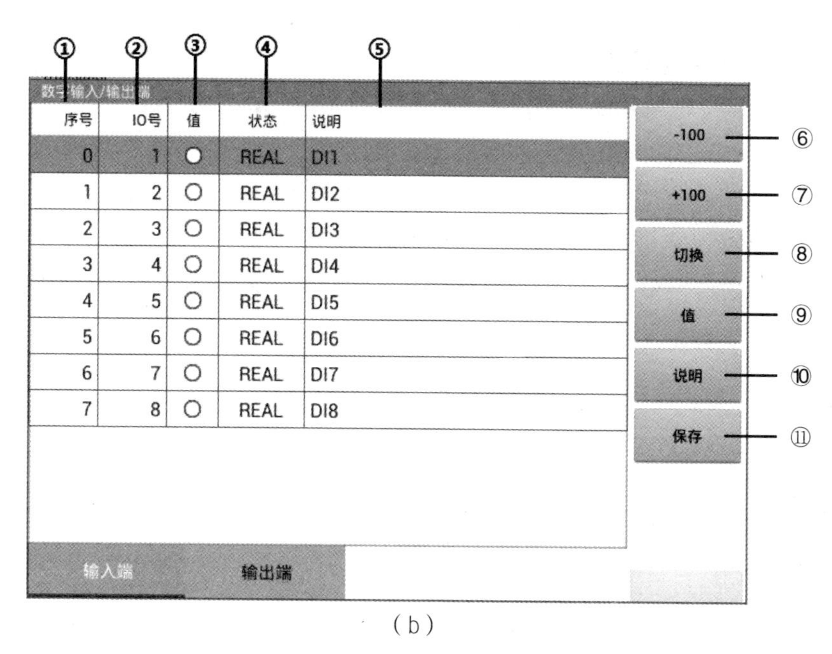

(b)

图 2-16　数字输入 / 输出显示界面（续图）

表 2-8　数字输入 / 输出显示界面说明

编　号	说　明
1	数字输入 / 输出序列号
2	数字输入 / 输出 IO 号
3	输入 / 输出端数值。如果一个输入或输出端为 TRUE，则被标记为红色。点击值可切换值为 TRUE 或 FALSE
4	表示该数字输入 / 输出端为真实 IO 或者是虚拟 IO，真实 IO 显示为 REAL，虚拟 IO 显示为 VIRTUAL
5	给该数字输入 / 输出端添加说明
6	在显示中切换到之前的 100 个输入或输出端
7	在显示中切换到之后的 100 个输入或输出端
8	可在虚拟和实际输入 / 输出之间切换
9	可将选中的 IO 置为 TRUE 或者 FALSE
10	给选中行的数字输入 / 输出添加解释说明，选中后点击可更改
11	保存 IO 说明

（二）显示实际位置

通过显示实际位置功能，可以显示机器人当前各个轴的角度或笛卡儿坐标系的数据，当显示笛卡儿式实际位置，则显示 TCP 的当前位置（X，Y，Z）和方向（A，B，C）。当显示轴相关的实际位置，则将显示轴 A1 至 A6 的当前位置。如果有附加轴，也显示附加轴的位置。

机器人在运行过程中，会适时更新每个轴的实际位置。如图 2−17 显示的为笛卡儿式实际坐标，图 2−18 显示的为轴相关的实际位置。

机器人位置

名字	值	单位	
位置	值	单位	
X	511.693	mm	
Y	22.799	mm	
Z	520.53	mm	
取向	值	单位	
A	2.50321	deg	
B	90.3006	deg	
C	-16.7338	deg	

轴相关

图 2−17　笛卡儿式实际坐标

机器人位置

轴	位置[度,mm]	单位	
A1	2.56787	度	
A2	-147.433	度	
A3	233.592	度	
A4	-0.895117	度	
A5	4.14269	度	
A6	344.159	度	
E1	4287.48	度	
E2	0.0	度	

笛卡尔式

图 2−18　轴相关的实际位置

（三）输入/输出和辅助按键配置

1. 在主菜单中选择“显示→输入/输出端→数字输入/输出端”

点击选择特定的输入端/输出端，通过界面右边按键对 IO 进行操作。

2. 在主菜单中选择“显示→输入/输出端→模拟量输入/输出端”

点击选择特定的输入/输出端，通过界面右边按键对模拟量信号进行操作（图 2-19）。

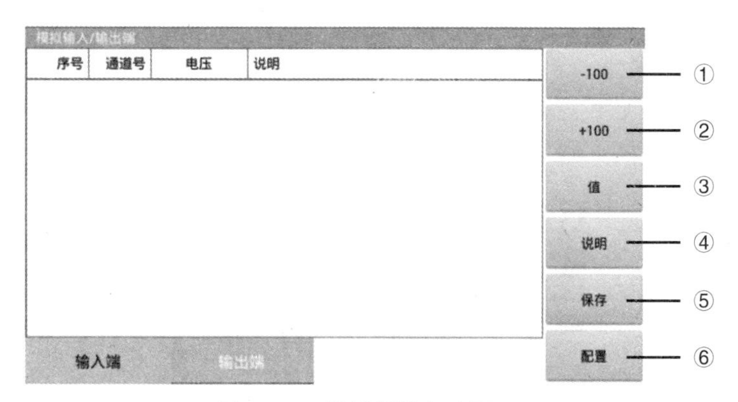

图 2-19　模拟量输入端界面

表 2-9 为模拟量输入/输出端显示界面说明。

表 2-9　模拟量输入/输出端界面显示说明

编　号	说　明
1	在显示中切换到之前的 100 个输入或输出端
2	在显示中切换到之后的 100 个输入或输出端
3	可将选中的模拟量设置电压值
4	给选中行的模拟量输入/输出添加解释说明，选中后点击可更改
5	保存模拟量说明
6	配置模拟量的修正值

3. 辅助按键配置

示教器提供了 4 个辅助按键，用于用户自定义按键操作，可配置按键按下后输出的指令（图 2-20）。

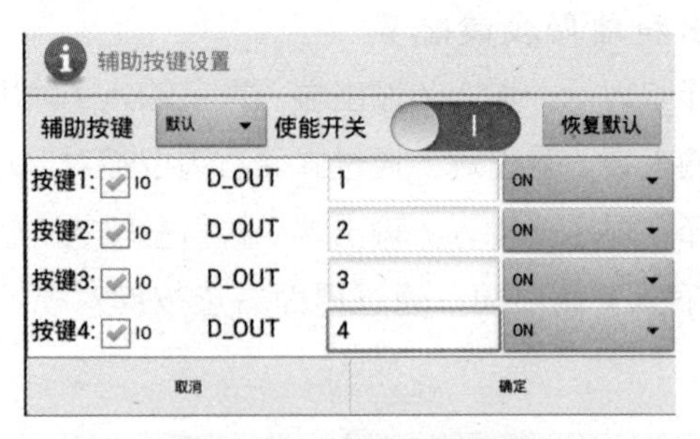

图 2-20　辅助按键界面

辅助按键只能在手动 T1 和 T2 模式下使用，在自动模式下和外部模式下不能使用（图 2-21）。

图 2-21　辅助按键配置界面

七、点位存储及变量列表

华数机器人的点位数据类型为关节数据类型和笛卡儿数据类型。关节数据类型 {0，0，0，0，0，0} 分别为 A1，A2，A3，A4，A5，A6 的转动角度。笛卡儿数据类型 #{0，0，0，0，0，0} 分别为 *X*，*Y*，*Z*，*A*，*B*，*C* 的数值。

点位存储类型分为 P[]，JR[]，LR[]，ER[]。P[] 可以记录 ROBOT 组或者 EXT AXES 组为关节数据类型或笛卡儿数据类型，其点位为局部变量，单程序有效，跨程序和调用子程序无效。JR[] 可以记录 ROBOT 组为关节数据类型；LR[] 可记录 ROBOT 组为笛卡儿数据类型；ER[] 可以记录 EXT AXES 组中的两个轴的位置信息。以上三种类型的点位为全局变量，全程序有效。

显示列表将显示相关变量列表。点击不同变量列表，则会显示相关变量。通过右边的功能按钮可以做增加、删除、修改、刷新、保存等功能，所有修改的操作必须点击“保存”后才能保存。

（一）工具坐标 TOOL_FRAME 变量显示

TOOL_FRAME 选项，显示 TOOL_FRAME 变量，选中某一个具体变量后，可通过点击“修改”按钮改变工具坐标，如图 2-22 所示。

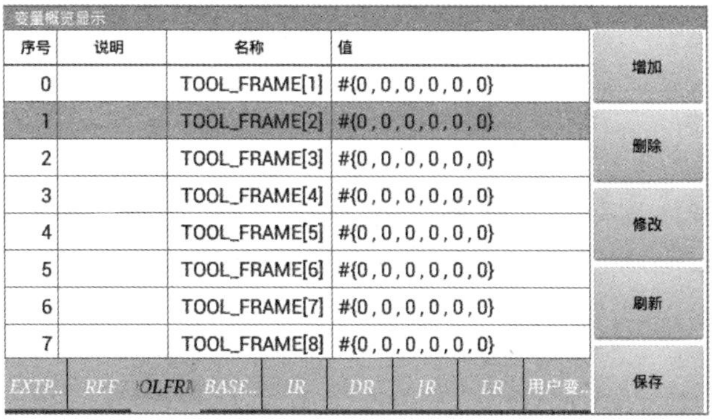

变量概览显示

序号	说明	名称	值
0		TOOL_FRAME[1]	#{0,0,0,0,0,0}
1		TOOL_FRAME[2]	#{0,0,0,0,0,0}
2		TOOL_FRAME[3]	#{0,0,0,0,0,0}
3		TOOL_FRAME[4]	#{0,0,0,0,0,0}
4		TOOL_FRAME[5]	#{0,0,0,0,0,0}
5		TOOL_FRAME[6]	#{0,0,0,0,0,0}
6		TOOL_FRAME[7]	#{0,0,0,0,0,0}
7		TOOL_FRAME[8]	#{0,0,0,0,0,0}

EXTP.. REF OLFRA BASE.. IR DR JR LR 用户变..

增加　删除　修改　刷新　保存

图 2-22　TOOL_FRAME 变量显示

（二）基坐标 BASE_FRAME 变量显示

BASE_FRAME 选项，显示 BASE_FRAME 变量，选中某一个具体变量后，通过点击“修改”按钮改变基坐标，如图 2-23 所示。

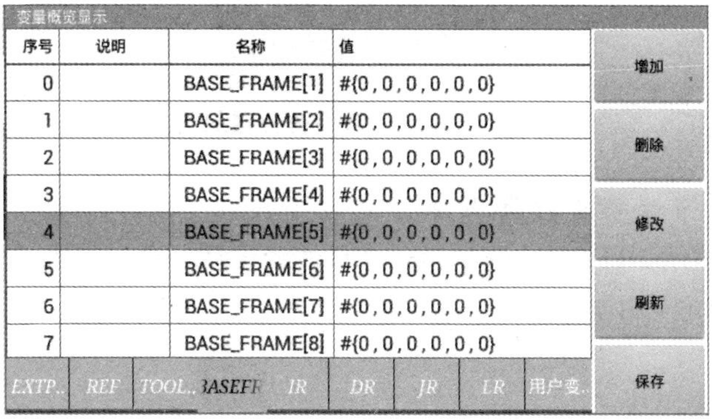

变量概览显示

序号	说明	名称	值
0		BASE_FRAME[1]	#{0,0,0,0,0,0}
1		BASE_FRAME[2]	#{0,0,0,0,0,0}
2		BASE_FRAME[3]	#{0,0,0,0,0,0}
3		BASE_FRAME[4]	#{0,0,0,0,0,0}
4		BASE_FRAME[5]	#{0,0,0,0,0,0}
5		BASE_FRAME[6]	#{0,0,0,0,0,0}
6		BASE_FRAME[7]	#{0,0,0,0,0,0}
7		BASE_FRAME[8]	#{0,0,0,0,0,0}

EXTP.. REF TOOL.. BASEFR IR DR JR LR 用户变..

增加　删除　修改　刷新　保存

图 2-23　BASE_FRAME 变量显示

（三）IR 整型数值寄存器显示

IR 选项，显示 IR 变量，选中某一个具体变量后，通过点击“修改”按钮改变 IR 寄存器，如图 2-24 所示。

变量概览显示

序号	说明	名称	值
0		IR[1]	0
1		IR[2]	0
2		IR[3]	0
3		IR[4]	0
4		IR[5]	0
5		IR[6]	0
6		IR[7]	0
7		IR[8]	0

EXTP.. REF TOOL.. BASE.. IR DR JR LR 用户变..

增加 删除 修改 刷新 保存

图 2-24 IR 变量显示

（四）DR 浮点型数值寄存器显示

DR 选项，显示 DR 变量，选中某一个具体变量后，通过点击“修改”按钮改变 DR 寄存器，如图 2-25 所示。

变量概览显示

序号	说明	名称	值
0		DR[1]	0
1		DR[2]	0
2		DR[3]	0
3		DR[4]	0
4		DR[5]	0
5		DR[6]	0
6		DR[7]	0
7		DR[8]	0

EXTP.. REF TOOL.. BASE.. IR DR JR LR 用户变..

增加 删除 修改 刷新 保存

图 2-25 DR 数值寄存器显示

（五）JR 关节坐标寄存器显示

JR 选项，显示 JR 变量，选中某一个具体变量后，通过点击“修改”按钮改变 JR 寄存器，如图 2-26 所示。

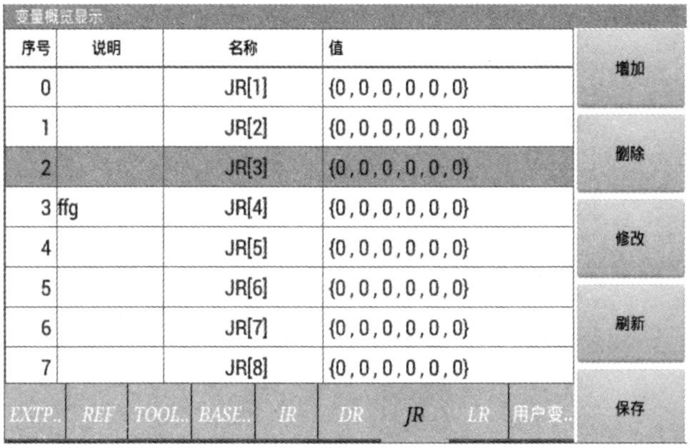

变量概览显示

序号	说明	名称	值
0		JR[1]	{0,0,0,0,0,0}
1		JR[2]	{0,0,0,0,0,0}
2		JR[3]	{0,0,0,0,0,0}
3	ffg	JR[4]	{0,0,0,0,0,0}
4		JR[5]	{0,0,0,0,0,0}
5		JR[6]	{0,0,0,0,0,0}
6		JR[7]	{0,0,0,0,0,0}
7		JR[8]	{0,0,0,0,0,0}

EXTP.. REF TOOL.. BASE.. IR DR JR LR 用户变..

增加 删除 修改 刷新 保存

图 2-26 关节位置寄存器显示

（六）LR 关节坐标寄存器显示

LR 选项，显示 LR 变量，选中某一个具体变量后，通过点击“修改”按钮改变 LR 寄存器，如图 2-27 所示。

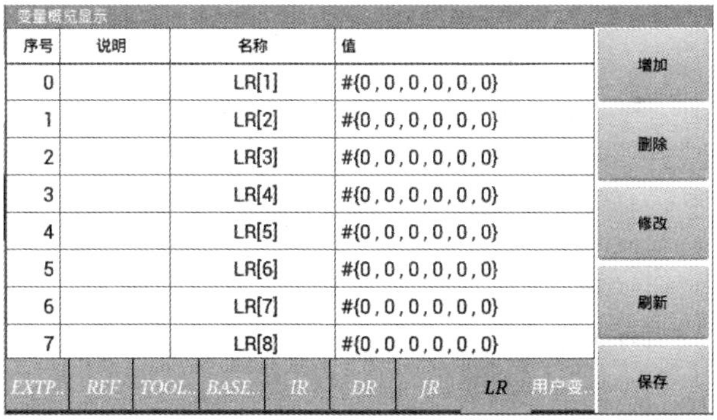

变量概览显示

序号	说明	名称	值
0		LR[1]	#{0,0,0,0,0,0}
1		LR[2]	#{0,0,0,0,0,0}
2		LR[3]	#{0,0,0,0,0,0}
3		LR[4]	#{0,0,0,0,0,0}
4		LR[5]	#{0,0,0,0,0,0}
5		LR[6]	#{0,0,0,0,0,0}
6		LR[7]	#{0,0,0,0,0,0}
7		LR[8]	#{0,0,0,0,0,0}

EXTP.. REF TOOL.. BASE.. IR DR JR LR 用户变..

增加 删除 修改 刷新 保存

图 2-27 LR 位置寄存器显示

八、机器人通信配置

配置控制器的通信参数，包括 IP 地址和端口号，修改前需要更换用户组到 SUPER，保存参数后需要重启生效，如图 2-28 所示。

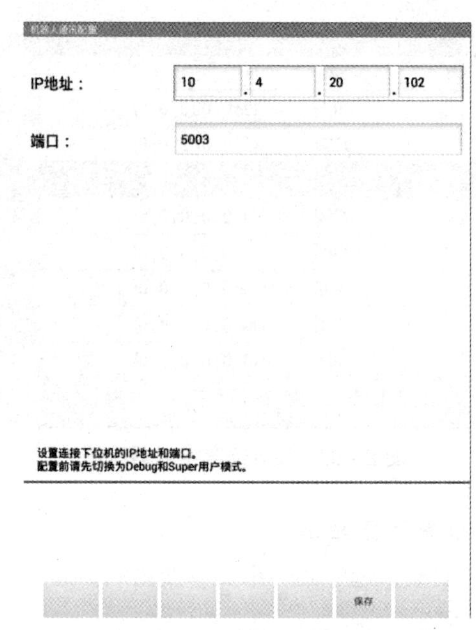

图 2-28　机器人通信配置

九、机器人信息

图 2-29 所示为机器人信息显示界面，表 2-10 所示为其选项说明。

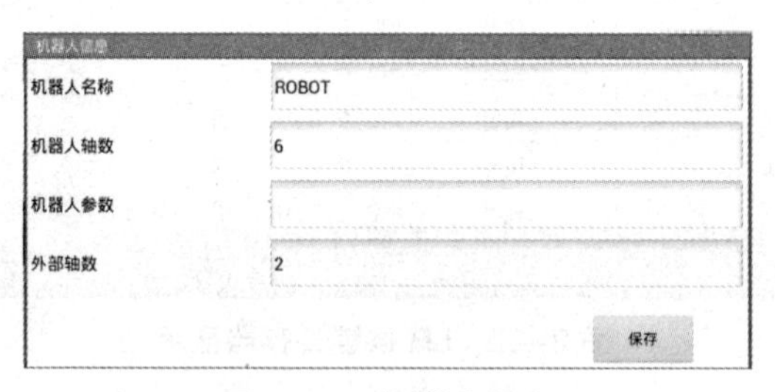

图 2-29　机器人信息

表 2-10　机器人信息选项说明

选　项	说　明
机器人名称	此选项可配置机器人的名称，保存重启控制器有效
机器人轴数	此选项可配置机器人轴数，保存后重启生效
外部轴数	此选项可配置外部附加轴数，保存后重启生效

十、软限位设置

机器人以电气驱动的方式运动，则每个关节的转动角度范围需要一个区间范围。转动的区间范围受到外围的设备、本体线缆、机械部件构造等限制。因此，机器人投入运行必须设置使能限位开关，并设置相应轴数据，否则可能会造成损失。工业机器人的限位分为软限位和硬限位。所谓软限位就是用作机器人防护，设定后可保证机器人运行在设置范围内。硬限位是由机器人结构设计所限制的转动区间，区间值大于软限位区间。通过设定的软限位开关，可限制所有机械手和定位轴的轴范围。软限位开关用作机器人防护，设定后可保证机器人运行在设置范围内。软限位开关在工业机器人投入运行时设定。根据现场环境，依次对每个轴进行相应限位设置，轴数据的单位都是弧度单位。注意，在设置限位信息时，负限位的值必须小于正限位的值。

（一）内部轴软限位设置

点击“菜单”选项，依次点击“投入运行→软限位开关”，如图 2-30 所示，表 2-11 为其选项说明。

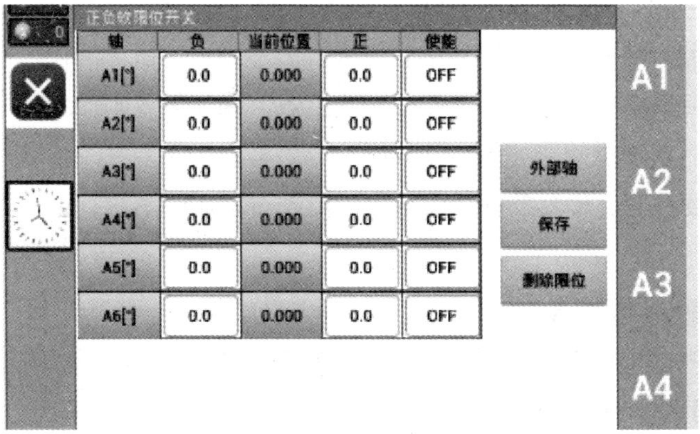

图 2-30　内部轴软限位设置界面

表 2-11　内部轴软限位设置选项说明

选　项	说　明
轴	机器人轴
负	机器人负软限位

续 表

选　项	说　明
当前位置	机器人当前位置
正	机器人正软限位
使能	软限位使能开关，在 OFF 状态下无软限位

点击轴 1 栏，设置轴 1 软限位，输入数据，选择使能为 ON，点击“确定”，如图 2-31 所示。

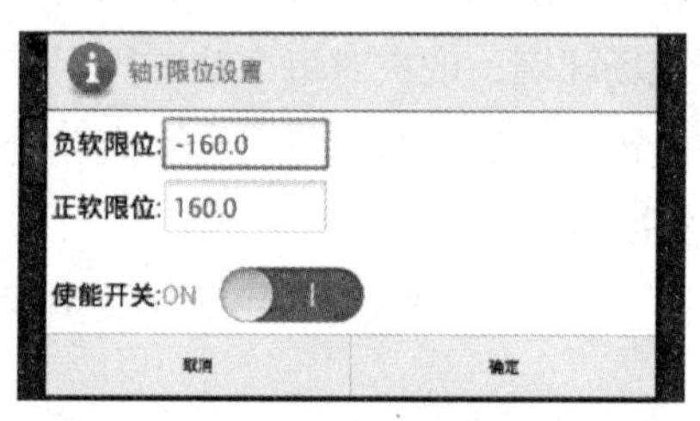

图 2-31　轴 1 正负软限位设置界面

其他轴设置方法同上，设置完所有轴限位信息后，点击“保存”按钮。如果保存成功，提示栏会提示保存成功，重启控制器生效，保存失败则提示保存失败。在轴校准时可以把轴的软限位使能关闭，轴数据校准后再启用使能开关，以便于轴校准。在设置数据时需要注意，设置的软限位数据不能超过机械硬限位，否则可能会造成机器人损坏。

（二）删除限位信息

当需要删除全部限位信息，可以点击“删除全部限位”，在软限位信息界面点击“删除限位”，提示成功后重启生效。

（三）外部轴软限位设置

外部轴软限位主要配置外部轴运动范围，机器人系统必须存在外部轴，如果不存在外部轴，则在外部轴限位信息界面显示为空，其设置方法与内部轴设置方法一样。

十一、轴校准

机器人运行前都必须进行轴校准。机器人只有在校准之后方可进行笛卡儿运动，并且要将机器人移至编程位置。机器人的机械位置和编码器位置会在校准过程中协调一致。为此必须将机器人置于一个已经定义的机械位置，即校准位置。然后，每个轴的编码器返回值均被储存下来。所有机器人的校准位置都相似，但不完全相同。精确位置在同一机器人型号的不同机器人之间也会有所不同。

在以下几种情况下必须对机器人进行校准，如表 2-12 所示。

表 2-12　必须对机器人进行校准的几种情况

情　况	备　注
机器人投入运行时	必须校准，否则不能正常运行
机器人发送碰撞后	必须校准，否则不能正常运行
更换电机或者编码器时	必须校准，否则不能正常运行
机器人运行碰撞到硬限位后	必须校准，否则不能正常运行

（一）内部轴校准

依次点击“菜单→投入运行→调整→校准”对应功能键，如图 2-32 所示。

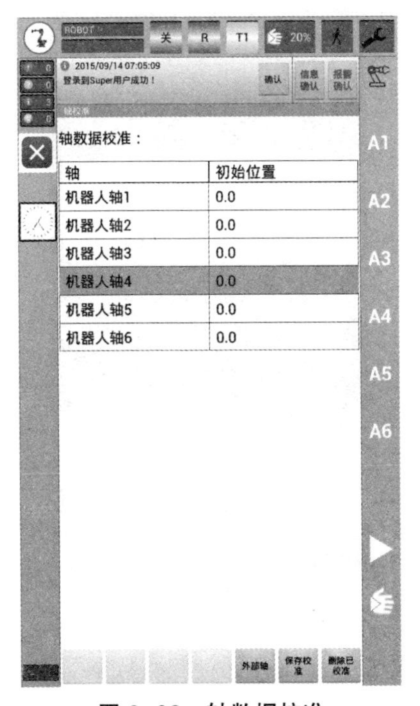

图 2-32　轴数据校准

校准步骤：

（1）移动机器人轴到原点刻度标识处，如图 2-33 所示。

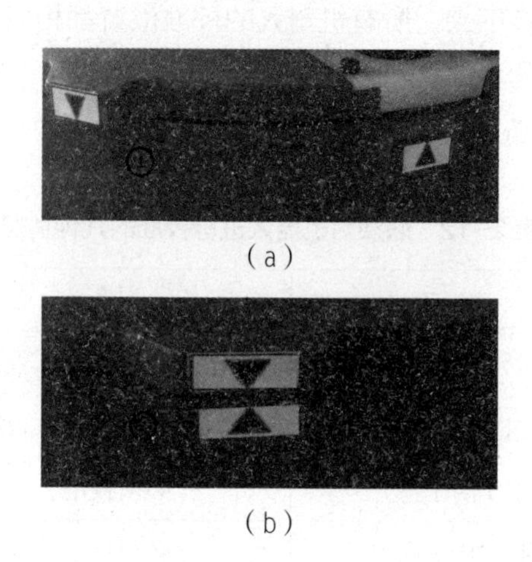

(a)

(b)

图 2-33　刻度标识处

（2）待各轴运动到机械原点后，点击列表中的各个选项，弹出输入框，输入正确的数据，点击“确定”，如图 2-34 所示。

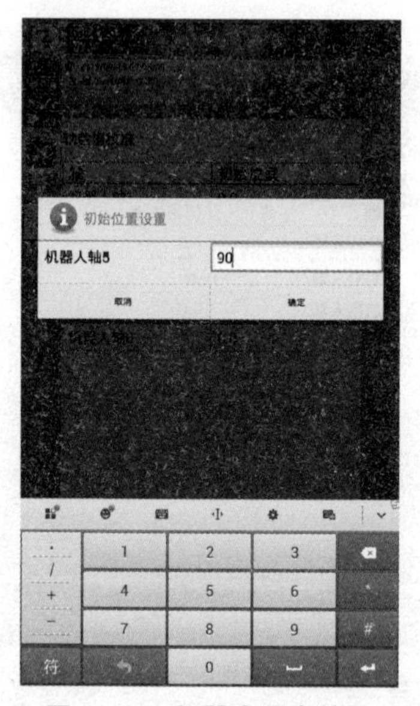

图 2-34　机器人原点输入

（3）各轴数据输入完毕后，点击“保存校准数据”，保存数据。保存是否成功会在状态栏显示，如图 2-35 所示。

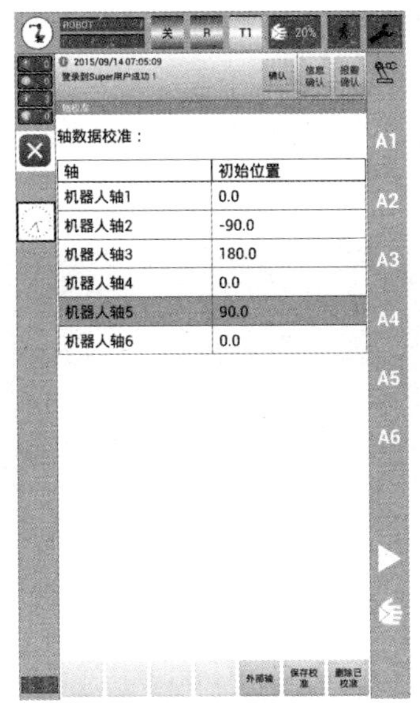

轴	初始位置
机器人轴1	0.0
机器人轴2	-90.0
机器人轴3	180.0
机器人轴4	0.0
机器人轴5	90.0
机器人轴6	0.0

图 2-35　轴数据校准

（二）外部轴校准

操作步骤参照内部轴校准。

（三）删除校准

当重新校准时或者需要重置校准数据时删除校准。

第二节　机器人编程

一、程序类型

用户需要在示教器中新建一个程序（图 2-36）时，共有两种程序类型，分别是主程序（图 2-37 ～图 2-40）和子程序（图 2-41），默认为主程序。子程序可由主程序调用。编写程序名称时必须设置为字母、数字、下划线相互组合的形式，不能有中文。

主程序通常用 PROGRAM…END PROGRAM 关键词来指明主程序的范围，是自动生成的关键词。程序加载后，PROGRAM 需要按下启动键，程序才会开始执行。运行到 END PROGRAM 后，程序会暂停，仍保存在内存中。

子程序通常用 SUB…END SUB 关键词来指明子程序的范围，是自动生成的关键词。根据有没有返回值，示教器程序的子程序分为 SUB 和 FUNCTION。SUB 没有返回值，FUNCTION 有返回值。子程序可以被主程序调用，也可以被调用到其他子程序中。

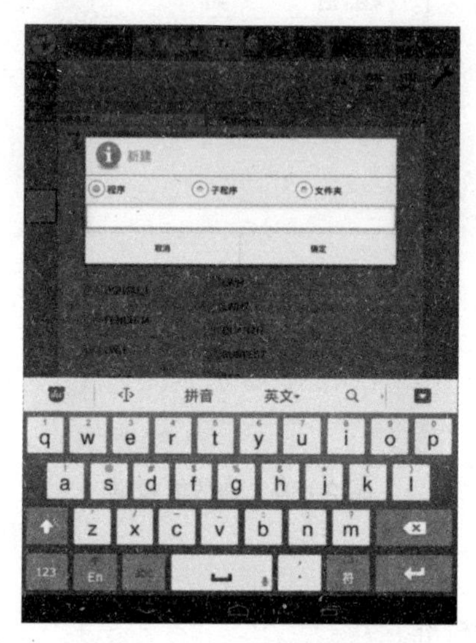

图 2-36　新建程序界面

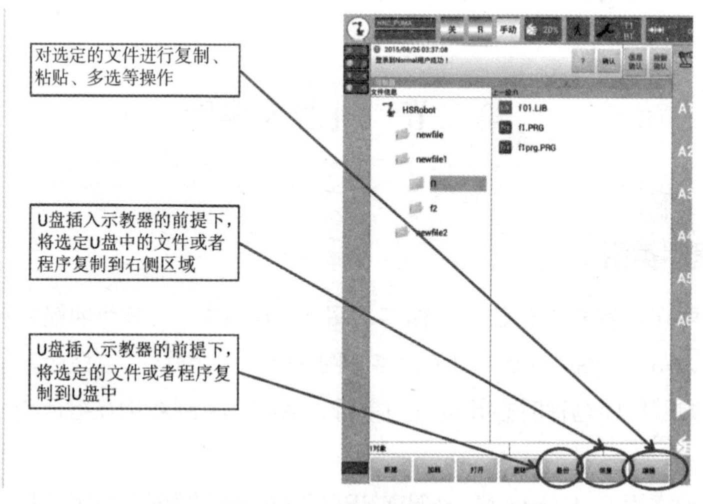

图 2-37　主程序界面 1

更改：对已有程序段进行修改。

指令：添加程序段或者手动指令。

备注：对选定行转变为备注，失去成为程序的能力。

说明：对选定的程序段进行说明备注，添加到程序的后面，不影响程序的执行。

停止运动：暂停机器人的执行动作。

move 到点：选定一条带有位置信息的程序段，以挂接运动的方式移到该位置运动机器人

编辑：包括复制、粘贴、删除、多选、保存等操作。

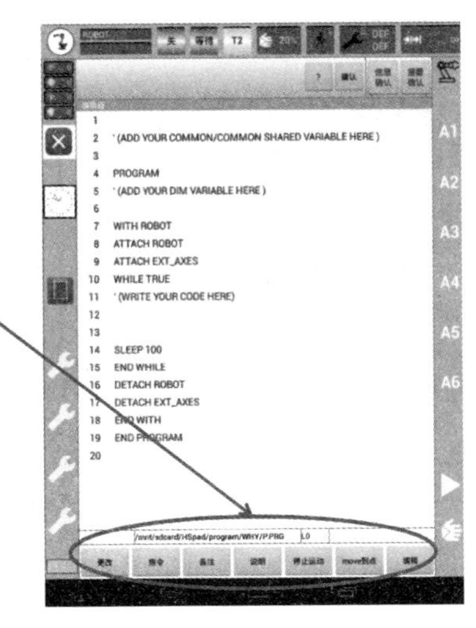

图 2-38　主程序界面 2

PROGRAM 和 END PROGRAM：指明了程序段的开始。点位信息可以添加于之前。

WITH ROBOT 和 END WITH：指系统默认控制的组是 ROBOT 组。机器人 6 个轴是一组，外部轴是另一个组。一共有两组。程序中没有指明的前提下，默认是运动机器人一组。

ATTACH 和 DETACH：指用于绑定和解除组，用户只有绑定了一个控制组 / 轴才能运行。

WHILE TURE 和 END WHILE：是指开始循环和结束循环。主程序中默认开启循环模式。删除可以开启单周模式。

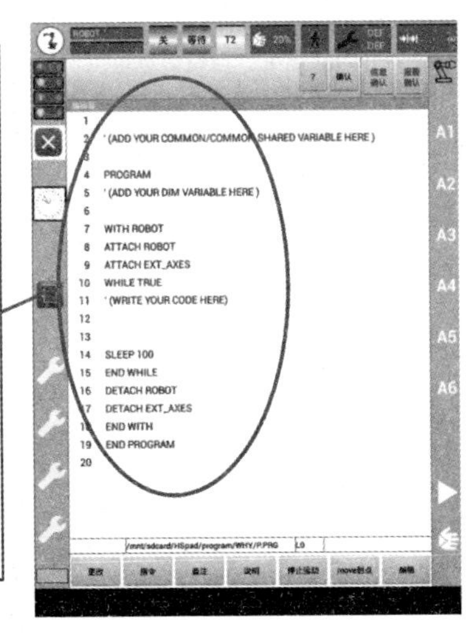

图 2-39　主程序界面 3

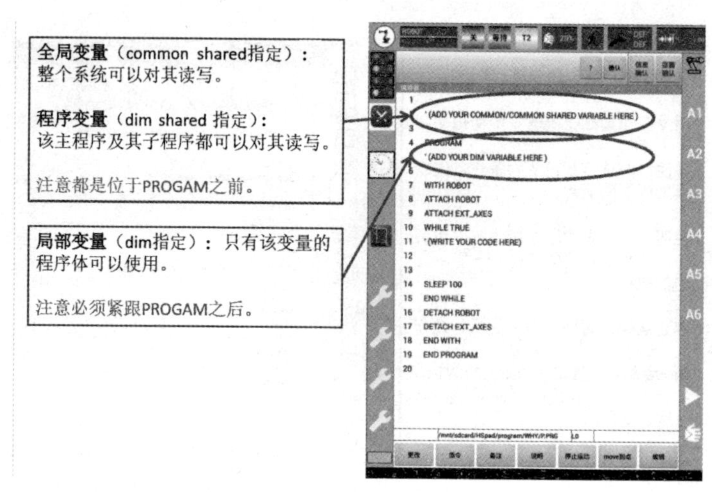

图 2-40　主程序界面 4

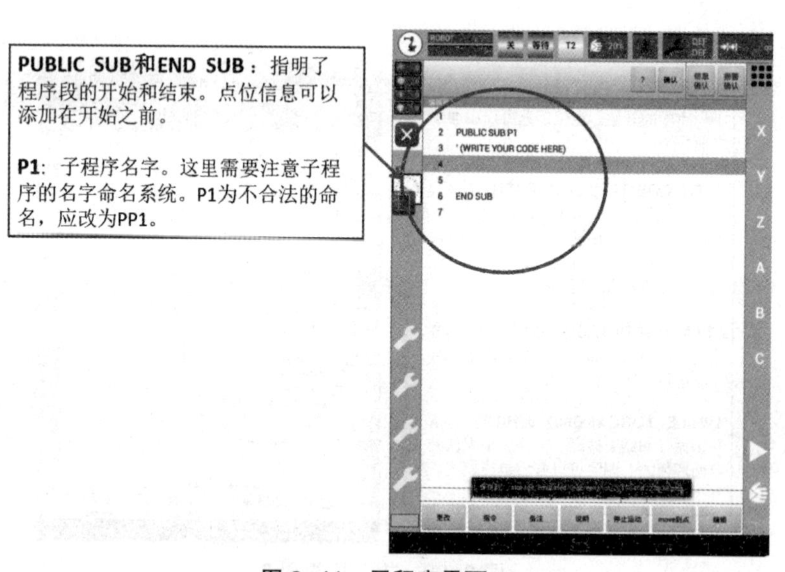

图 2-41　子程序界面 1

二、运动指令

运动指令包括了点位之间的运动 MOVE 和 MOVES 以及圆弧的 CIRCLE 指令。运动指令编辑框如图 2-42 所示，其说明见表 2-13。

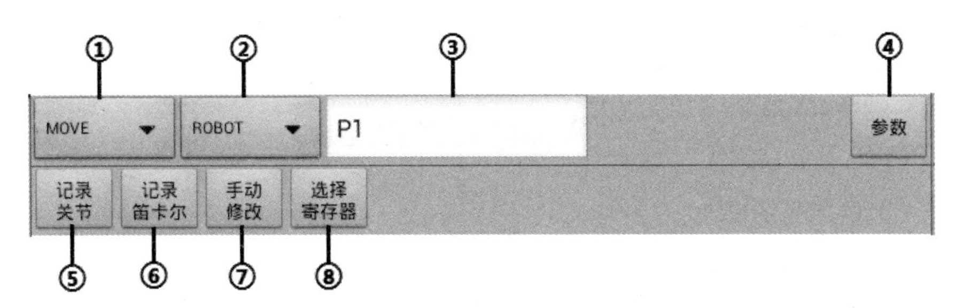

图 2-42　运动指令编辑框

表 2-13　运动指令编辑框说明

编　号	说　明
1	选择指令，可选 MOVE，MOVES，CIRCLE 三种指令。当选择 CIRCLE 指令时，会话框会弹出两个点用于记录位置
2	选择组，可选择机器人组或者附加轴组
3	新记录的点的名称，光标位于此时可点击“记录关节或记录笛卡儿赋值”
4	参数设置，可在参数设置对话框中添加、删除点对应的属性，在编辑参数后，点击“确认”，将该参数对应到该点
5	为该新记录的点赋值为关节坐标值
6	为该新记录的点赋值为笛卡儿坐标
7	点击后可打开一个修改各个轴点位值的对话框，打开可进行单个轴的坐标值修改
8	可通过新建一个 JR 寄存器或者 LR 寄存器保存该新增加点的值，可在变量列表中查找到相关值，便于以后通过寄存器使用该点位值

根据关节的驱动方式和控制分类，华数机器人有两个运动组，分别是机器人组和外部轴组。运动组是一系列运动轴的组合。“轴”这里指的是在控制层面上，电机、驱动器以及软件部分的组合。在示教程序中：

MOVE　ROBOT　P1

这里的 ROBOT 是指一个机器人运动组。

（一）MOVE 指令

MOVE 又称关节运动指令。以单个轴或某组轴（机器人组）的当前位置为起点，移动某个轴或某组轴（机器人组）到目标点位置。移动过程中不进行轨迹以及姿态控制，各轴同时加速、减速和停止。MOVE 指令用于快速定位。

添加 MOVE 指令步骤如下：

（1）标定需要插入的行的上一行；

（2）选择“指令→运动指令→ MOVE”；

（3）选择机器人轴或者附加轴；

（4）输入点位名称，即新增点的名称；

（5）配置指令的参数；

（6）手动移动机器人到需要的姿态或位置；

（7）选中输入框③后，点击“记录关节或者记录笛卡儿坐标”；

（8）点击操作栏中的“确定”按钮，添加 MOVE 指令完成。

指令用例：

MOVE ROBOT P1

移动机器人运动组到 P1 点，运用关节坐标控制。配置默认。

MOVE ROBOT #{600，100，0，0，180，0} Absolute=1 VelocityCruise=100

使用绝对编程方式（ Absolute=1 ），控制机器人组，以运行速度 100°/s，移动到目标位置 #{600，100，0，0，180，0}（图 2-43）。

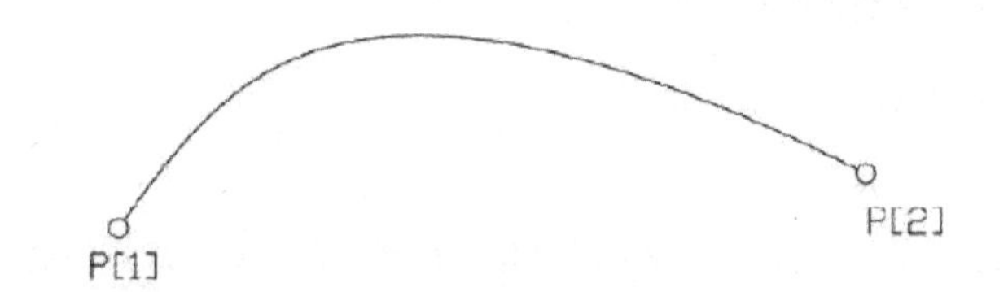

1.MOVE ROBOT P1

2.MOVE ROBOT P2

图 2-43 MOVE 指令运动示意图

（二）MOVES 指令

MOVES 指令又称直线运动指令。以机器人的当前位置为起点，控制其在笛卡儿空间范围内进行直线运动，常用于对轨迹控制有要求的场合。该指令的控制对象只能是机器人组：

添加 MOVES 指令步骤如下。

（1）标定需要插入的行的上一行；

（2）选择“指令→运动指令→ MOVES”；

（3）选择机器人轴或者附加轴；

（4）输入点位记录，即新增点的名称；

（5）配置指令的参数；

（6）手动移动机器人到需要的姿态或位置；

（7）选中输入框③后，点击“记录关节或者记录笛卡儿坐标”；

（8）点击操作栏中的“确定”按钮，添加 MOVES 指令完成。

指令用例：

MOVES　ROBOT　P1

直线移动机器人运动组到 P1 点，运用笛卡儿坐标控制。配置默认。

MOVES　ROBOT　#{425，70，55，90，180，90} Absolute=1　Vtran=100

使用绝对编程方式（ Absolute=1 ），控制机器人组，以运行速度 100 mm/s、直线运动的方式移动到目标位置 #{425，70，55，90，180，90}（图 2-44）。

1.MOVES ROBOT P1

2.MOVES ROBOT P2

图 2-44　MOVES 指令运动示意图

（三）CIRCLE 指令

CIRCLE 指令又称圆弧运动指令。以机器人的当前位置为起点，CIRCLEPOINT 为中间点，TARGETPOINT 为终点，控制机器人在笛卡儿空间进行圆弧轨迹运动，同时附带姿态的插补。目前无法画整圆，需要两条 CIRCLE 指令。

添加 CIRCLE 指令步骤如下：

（1）标定需要插入的行的上一行；

（2）选择指令→运动指令→ CIRCLE；

（3）选择机器人轴或者附加轴；

（4）点击 CIRCLEPOINT 输入框，移动机器人到需要的姿态点或轴位置，点击“记录关节或者记录笛卡儿坐标”，记录 CIRCLEPOINT 点完成；

（5）点击 TARGETPOINT 输入框，手动移动机器人到需要的目标姿态或位置，点击“记录关节或者记录笛卡儿坐标”，记录 TARGETPOINT 点完成；

（6）配置指令的参数；

（7）点击操作栏中的“确定”按钮，添加 CIRCLE 指令完成。

指令用例：

MOVE ROBOT P1

CIRCLE ROBOT CIRCLEPOINT=P2 TARGETPOINT=P3

P1 点为圆弧起点。机器人以默认的参数运用圆弧运行方式，分别经过 P2，P3 点，做出圆弧动作（图 2-45 所示）。

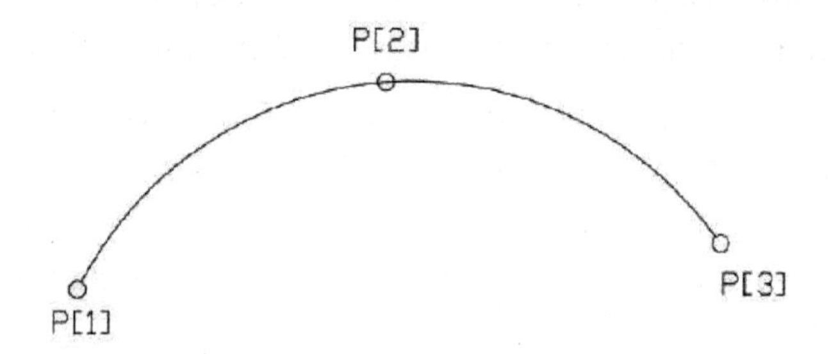

1.MOVE ROBOT P1

2. CIRCLE ROBOT CIRCLEPOINT=P2 TARGETPOINT=P3

图 2-45 CIRCLE 指令运动示意图

（四）运动参数

各参数的名称和说明如表 2-14 所示。

表 2-14 各运动参数的名称和说明

名 称	说 明	备 注
VCRUISE	速度	用于 MOVE
ACC	加速比	用于 MOVE
DEC	减速比	用于 MOVE
VTRAN	速度	用于 MOVES
ATRAN	加速比	用于 MOVES

续　表

名　称	说　明	备　注
DTRAN	减速比	用于 MOVES
ABS	1—绝对运动；0—相对运动	

绝对运动：实际的坐标系值，基于对应基坐标的偏移量。

相对运动：增量值，将当前数值加于前面一点，做相对的偏移量。ABS 的数值不同版本可能不一致。

三、条件指令

条件指令用于机器人程序中的运动逻辑控制，包括 IF，ELSE，END IF 三个指令。IF 和 END IF 必须联合使用，将条件运行程序块置于两条指令之间。

（一）IF

选定需要添加 IF 指令的前一行，选择“指令→条件指令→ IF”。点击“选项”，此时可以增加、删除、修改条件，在记录该语句时会按照添加顺序依次连接条件列表（图 2-46）。

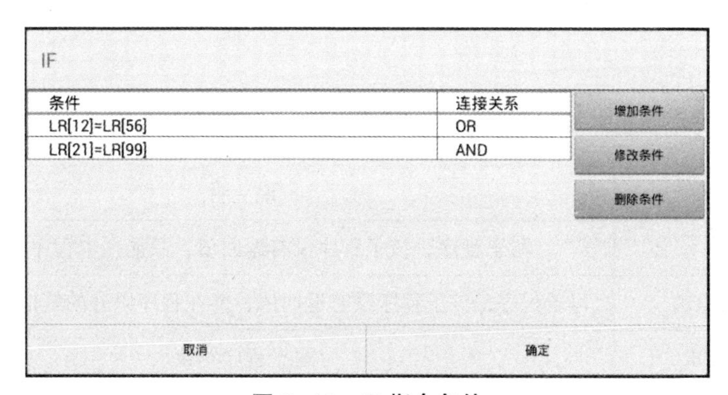

图 2-46　IF 指令条件

点击操作栏中的“确定”按钮，添加 IF 指令完成（图 2-47）。

图 2-47　IF 指令添加

（二）ELSE

选定需要添加 ELSE 指令的前一行，选择“指令→条件指令→ ELSE”，点击操作栏中的“确定”按钮，添加 ELSE 指令完成。

（三）END IF

选定需要添加 END IF 指令的前一行，选择“指令→条件指令→ END IF”，点击操作栏中的“确定”按钮，添加 END IF 指令完成。

四、流程指令

用于在主程序中添加子程序，关系到程序执行流程。

子程序相关指令：SUB，PUBLIC SUB，END SUB，FUNCTION，PUBLIC FUNCTION，END FUNCTION。

子程序跳转调用相关指令：CALL，GOTO，LABEL。

（一）写子程序相关指令

选定需要添加指令的前一行。在“指令→流程指令”中选择相应的写子程序相关指令，点击操作栏中的“确定”按钮，添加写子程序指令完成。SUB，PUBLIC SUB 和 END SUB 必须联合使用，子程序位于两条指令之间。FUNCTION，PUBLIC FUNCTION 和 END FUNCTION 必须联合使用，子程序位于两条指令之间（表 2-15）。

表 2-15　写子程序指令及其说明

指　令	说　明
SUB	写子程序，该子程序没有返回值，只能在本程序中调用
PUBLIC SUB	写子程序，该子程序没有返回值，能在程序以外的其他地方被调用
END SUB	写子程序结束

（二）程序调用

程序调用主要涉及程序跳转指令 GOTO，LABEL 和 CALL 指令。

1.GOTO 指令和 LABEL 指令

GOTO 将会跳转到 LABEL 标定的行。选定需要添加指令的前一行。在“指令→流程指令→ GOTO”中编辑 LABEL 指令，如 GOTO LABEL1。点击“确认”

完成 GOTO 指令添加。在需要跳转的地方添加 LABEL 指令，更改 LABEL 名为 GOTO 相同的 LABEL，如 LABEL1。点击“确认”完成 LABEL 指令添加。GOTO 指令和 LABEL 指令必须联合使用才能完成跳转。

2.CALL 指令

选定需要添加指令的前一行。在“指令→流程指令→ CALL”中点击“选择子程序”按钮，对话框会列出所有的 LIB 子程序，选择需要调用的子程序之后，点击“确定”。点击操作栏的“确定”按钮完成 CALL 指令调用（图 2-48）。

图 2-48　CALL 指令

五、程序指令

程序指令新建程序是自动添加到程序文件中的，通常情况下，用户无须修改用户程序，需要写在 ATTACH 之后（表 2-16）。

表 2-16　程序指令及其说明

指　令	说　明
PROGRAM	程序开始
END PROGRAM	程序结束
WITH	引用机器人名称
END WITH	结束引用机器人名称
ATTACH	绑定机器人
DETACH	结束绑定

六、延时指令

延时指令 DELAY 是用于程序行执行前延时的时间，单位为毫秒。选中需要延时行的上一行。在“指令→延时指令→ DELAY”中编辑 DELAY 后的延时毫秒数。点击操作栏中的“确定”按钮，完成延时指令的添加（图 2-49）。

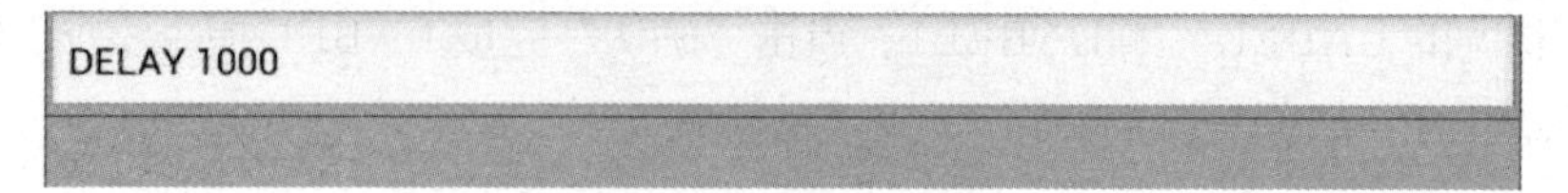

图 2-49　延时指令

七、循环指令

循环指令用于多次执行 WHILE 指令与 END WHILE 之间的程序行，WHILE TRUE 表示程序循环执行，WHILE 指令和 END WHILE 指令必须联合使用才能完成一个循环体。选择“指令→循环指令→ WHILE”，点击“选项”，此时可以增加、删除、修改条件，在记录该语句时会按照添加顺序依次连接条件列表（图 2-50）。

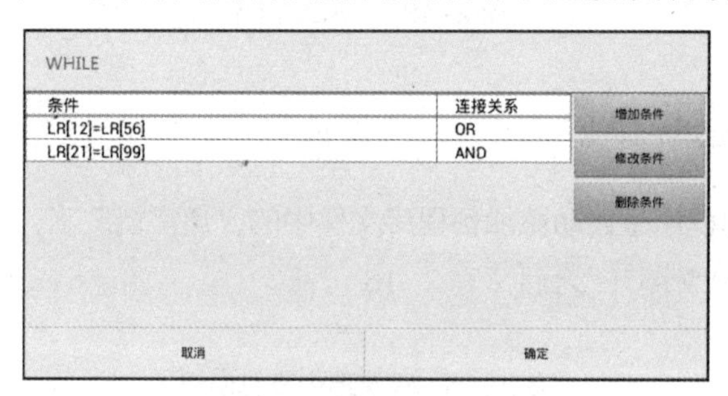

图 2-50　添加循环条件

编辑 WHILE 指令完成后，点击操作栏中的“确定”按钮，完成 WHILE 指令的添加。

选中循环截止位置，选择“指令→循环指令→ END WHILE”，点击操作栏中的“确定”按钮，完成循环指令添加（图 2-51）。

图 2-51　循环指令

八、IO 指令

IO 指令包括 D_IN 指令、D_OUT 指令、WAIT 指令、WAITUNTIL 指令以及 PULSE 指令。D_IN，D_OUT 指令可用于给当前 IO 赋值为 ON 或者 OFF，也可用于在 D_IN 和 D_OUT 之间传值；WAIT 指令用于阻塞等待一个指定 IO 信号，可选

D_IN 和 D_OUT；WAITUNTIL 指令用于等待 IO 信号，超过设定时限后退出等待；PULSE 指令用于产生脉冲。IO 指令相关函数及其参考说明见表 2-17。

表 2-17 IO 指令函数及其参考说明

函 数	参数说明
WAIT(IO, STATE)	IO 代表 D_IN，D_OUT；STATE 代表 ON，OFF
WAITUNTIL(IO, MIL, FLAG)	IO 代表 D_IN，D_OUT；MIL 代表延时（单位：ms）；FLAG 表示等待信号是否成功
PULSE(IO, STATE)	IO 代表 D_IN，D_OUT；STATE 代表 ON，OFF

九、变量指令

变量可分为全局变量 COMMON 指令和局部变量 DIM 指令，变量可用于程序中，作为程序中的数据运算。

变量可分为 SHARED 和不添加 SHARED 的变量，添加之后的变量表示的是共享变量。

变量类型包括 LONG 类型、DOUBLE 类型、STRING 类型、JOINT 类型、LOCATION 类型、ERROR 类型。

对于坐标类型 JOINT 和 LOCATION，可使用其所需添加变量的上一行所设置变量的坐标值为其坐标值。

添加变量的步骤如下：

（1）选定需要添加变量的上一行；

（2）选择“指令→变量→全局变量或者局部变量”；

（3）在打开的对话框中选择 COMMON 或者 DIM 为全局变量或者局部变量；

（4）选择设置该变量是否为 SHARED 属性，然后选择变量类型；

（5）在名字输入框中输入变量的名字，第二个输入框中输入变量的值；

（6）点击操作栏的“确定”按钮完成变量的添加（图 2-52）。

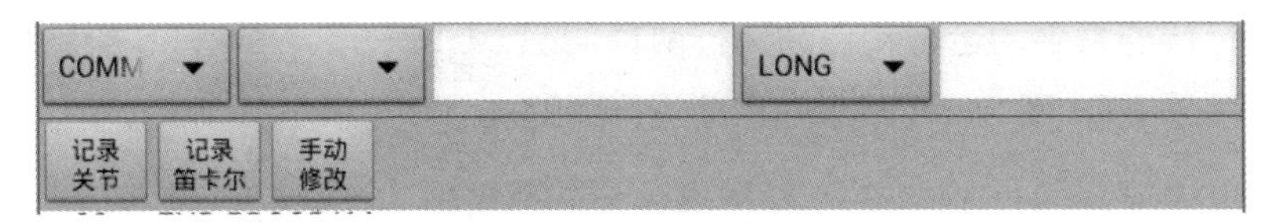

图 2-52 变量指令

十、修调指令

修调指令用于在程序运行时通过设置 SYS.VORD 指令的值来修改运行的速度。选中需要设置修调值的上一行。选择“指令→修调指令→ VORD”，将需要设置的修调值填入输入框（修调值的范围为 1 ～ 100）。点击操作栏中的“确定”按钮完成坐标系指令的添加（图 2–53）。

图 2–53　修调指令

十一、寄存器指令

寄存器指令用于添加寄存器以及使用寄存器做运算操作。

寄存器设置格式为：目的寄存器 = 操作数 1+ 操作数 2+…+ 操作数 N，其中操作数可以为寄存器，也可以为数值。选中需要插入手动指令的上一行。选择“指令→寄存器指令”，选择“目的寄存器”。点击“选项”，设置寄存器操作，点击“保存”退出。点击操作栏中的“确定”按钮，完成指令的添加（图 2–54）。

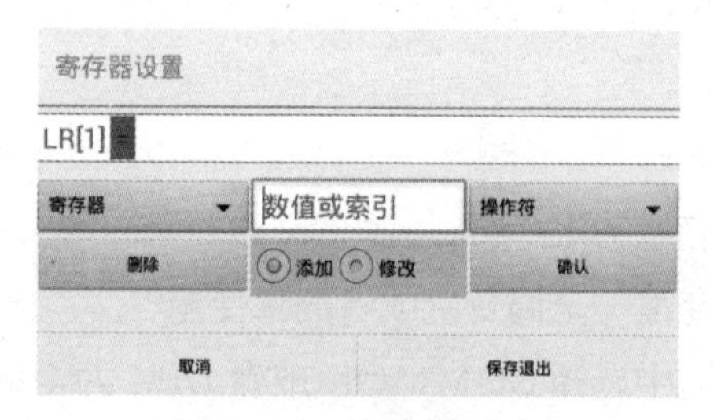

图 2–54　寄存器指令

十二、程序运行

程序运行分为手动运行和自动运行两种情况，图 2–55、图 2–56 所示为手动运行图解，图 2–57、图 2–58 所示为自动运行图解。

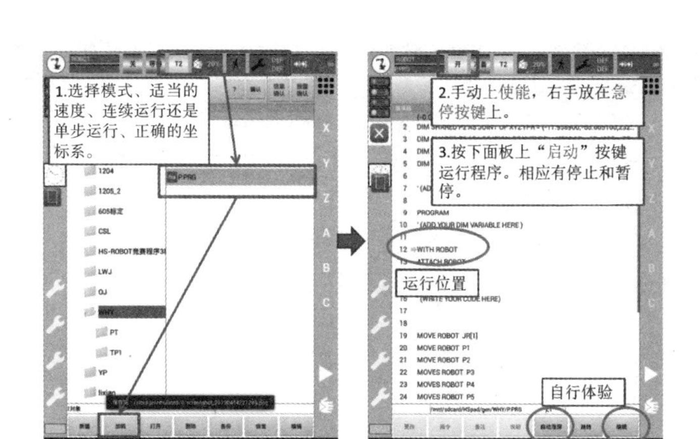

图 2–55　手动运行图解 1

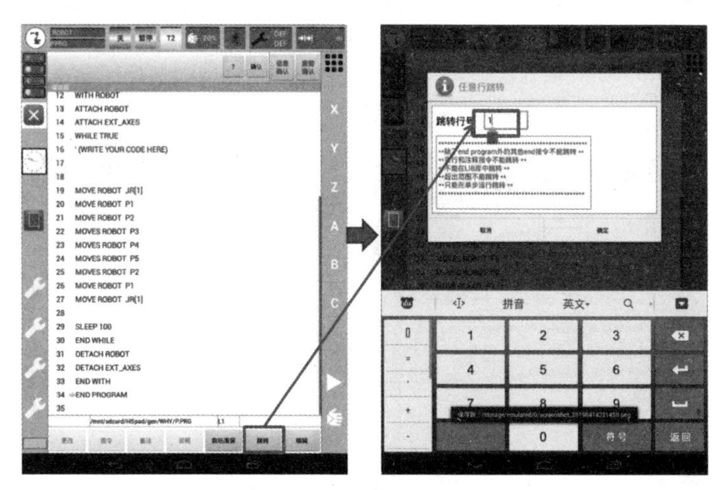

图 2–56　手动运行图解 2

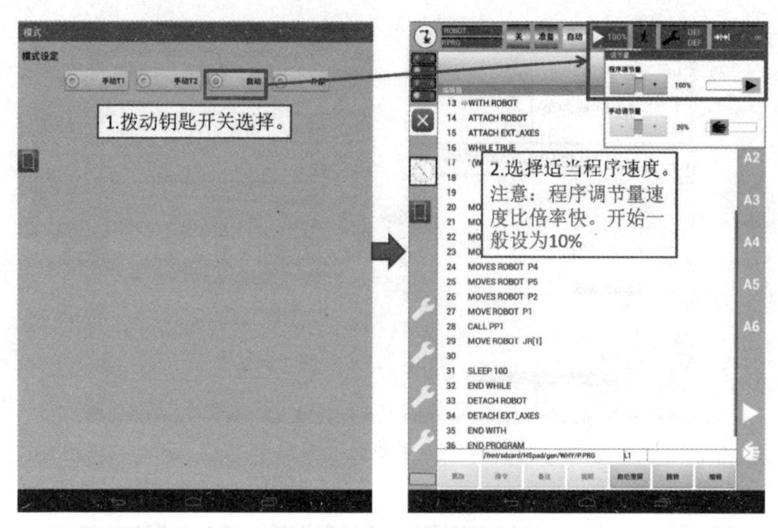

图 2-57　自动运行图解 1

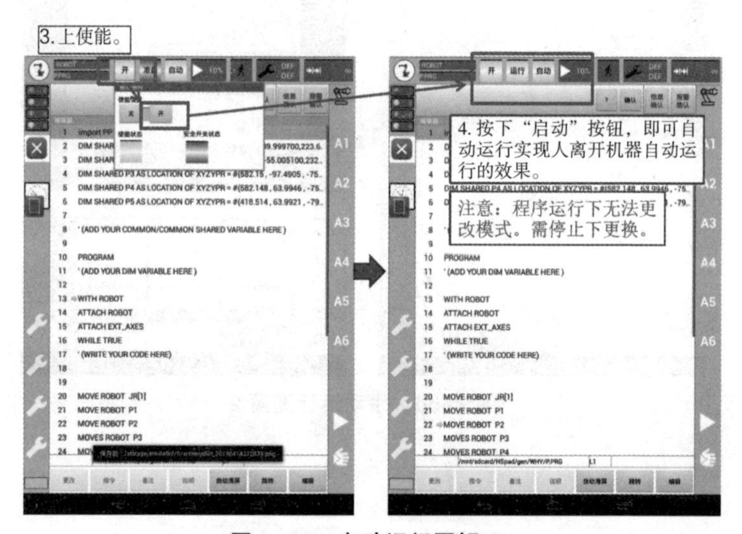

图 2-58　自动运行图解 2

第三节　机器人运行注意事项

机器人运行需注意以下事项。

（1）如果总控写好了，建议把机器人设置为外部模式用总控启动。点击“切换”→“值”，再点“值”D_IN5～9中的值即可生效（华数机器人除使能外所有外部信号下降沿有效，使能常给）。

（2）如果PLC配置好的话，请在“用户组”登录超级用户，然后在“机器人配置”的“外部运行配置”中，把输入的信号全部移除，点保存即可使用，否则会与PLC冲突。相应地，如果PLC未能配置好，而且“数字输入”界面未能找到相应的I/O信号，也可以用同样的方式将外部启动的这几个信号加回列表，注意1，2，3，4，12，13，这六个信号已经被手爪到位信号占用，请不要添加这几个信号。

（3）外部模式加载的程序需要在“变量列表”页面中“EXT_PRE”页面第一个选择，将文件全名输入，如“MAIN.PRG”，而且需要在手动/自动模式下加载过才生效。如果加载过后发现程序有异常要修改，需要在手动/自动模式下重新加载一遍才会生效。

（4）机器人PLC是在根目录下USE_PLC文件内，已经写好，无须更改，如果需要更改的话可以自行更改使用，更改后在“用户组”内选择超级用户，在“机器人配置”的“用户PLC配置”中点击“STOP”，加载修改过的用户PLC文件，然后卸载，再点击“用户PLC配置”中的“RUN”即可。

（5）机器人运动指令中，后面有“参数”按钮，按下后可以修改单步速度，建议取放料的时候速度降低。

（6）主程序开头的3个DIM语句可以不要。3个DIM语句与下面程序开始的两个TEMP=0中间的语句合起来的意思大致是“机器人在安全位启动，如果开机的时候不在安全位就报警”。但是删除3个DIM语句后在加载程序的时，要注意机器人是否在安全的位置，否则有撞击的危险。

（7）机器人安全位其实就是REF[1]这个寄存器的坐标。目前机器人定义的是如果机器人在这个位置，则会输出D_OUT[13]，同时会给总控PLC一个信号。如果总控那边一直报警说机器人不在安全位，请检查是否没有修改机器人REF[1]这个值的坐标。

（8）同理，如果总控处显示机器人一直在运行中，可以检查机器人给PLC的“机器人运行/空闲”信号，目前定义的是IR[90]，改为0即可。建议加入复位子程序内，如果有异常可以直接加载复位子程序，信号即可全部清零。

（9）修改坐标后请及时保存，以防突发情况导致点位丢失。另外，寄存器中JR，LR，ER，REF等信息，只保存当前页面，所以如同时修改完JR，LR寄存器，需要保存两次。

（10）机器人样板程序中有许多类似“WHILE IR[10]<1000”的语句，由于厂商会尽可能要求程序完整，所以这里用了一个延时指令，整段的意思大致是“机器人等待信号10s，如果信号没收到，给总控报警。如果按下总控的复位按钮，则取消报警并继续执行程序”。实际考试的时候可以考虑用“WAIT(IR[1],0)”或者“DELAY 3000”等指令代替（具体延时请根据现场情况修改）。前者的意思大致是“机器人等待信号，信号不到位不执行”，后者的意思是“机器人等待3s，信号不管到不到位3s之后就继续运行”。后面两种程序写起来要简短许多。

（11）如果运行中出现异常导致机器人不继续运行，无论如何请按下“暂停”后再进去检查问题，否则机器人在等待某些信号的情况下，信号一到位就会继续运行，如果速度较快甚至可能会出现误伤等现象。所以，无论如何请按下“暂停”后再进去检查问题。

（12）至于机器人姿态方面，首先，机器人4轴不要旋转过多，否则可能导致4轴旋转了180°就走到限位了。尽可能使“华数机器人”标志朝上。其次，5轴和4轴在同一条直线的情况下尽量不要走*XYZ*坐标，否则容易断网，需要重启电柜。可以选择更改姿态或者将5轴移开，整体*XYZ*运行到附近位置后用*ABC*坐标把5轴摆回去。

（13）车床内有两条冷却管，机器人在车床内放料的时候手爪尽可能摆正，否则RFID读头有可能会有干涉。后面有推荐姿态，具体情况请根据现场机器人以及个人习惯修改。

（14）铣床放料时不要放在正中间，对完点后稍微给*Y*轴一点偏移量，否则容易在压紧的时候略微翘起，考试时请多试几次放料并夹紧，保证产品不翘起即可。

（15）如果并未要求换料，可以将涉及C2，B2的程序删除。如果要求从车床取料直接去铣床，则需要新增程序，类似铣床换料/放料程序，添加后修改点位即可。

（16）现在FW（复位）程序只提取出*X*，*Y*，*Z*这三个参数的值进行运算。如果出现*A*, *B*, *C*较大变化则不会出现机器人轴转动很厉害的情况。如果对完点后发现*A*，

B，*C* 变化较大，可以选择这种方式。如果 *A*，*B*，*C* 变化不大则不需要。

（17）机器人夹料示教时，可以先运行到位置，再手动把工件放入料位，无须运行到正上方再往下移。另外，取料的时候运行到位置后，反复夹紧 / 松开夹爪，再进行微调，直至料以及工件无明显抖动即可。这一步速度一定要调慢，否则可能伤到人或者机器人。另外如果一个人在里面觉得位置不太好调整，可以让伙伴在对面协助看一下机器人应该怎么转。分别转平 *A*，*B*，*C*，其他不会有太大偏差。

（18）比赛时会发 U 盘，用电脑编程后导入即可，建议先用机器人示教器新建一个空的主程序以及空的子程序，然后在示教器上点出所有常用指令，最后拷贝出来在电脑上编辑（复制、粘贴、改参数）即可。

（19）电脑编程后导入机器人示教器中，可能会有一些问题导致程序无法加载。导致这些问题出现的原因大概是 IF/WHILE 指令不成对，没有响应的 END 语句，LABEL 重复，CALL 未调用，找不到子程序，运动第七轴时写的是 MOVE ROBOT，等等。甚至有可能多打了一堆空格或者备注没用“'”符号。如果出现问题，加载的时候示教器上会有显示，相应的哪个程序、哪一行有问题，有什么问题都会有提示（一般子程序中，提示第几行就找对应的行数即可，但是主程序中提示的行数一般要往上走几行，因为会在开始的时候自动调用子程序，整个程序行数会往下移几行）。

第三章　数控机床及在线检测

第一节　智能产线中数控机床电气连接

一、HNC-8 型数控系统典型硬件结构及接口

从硬件角度讲，HNC-8 型数控系统主要由 HMI、HPC-100(IPC-100)、电源模块 (HPW-145U)、主轴模块、伺服驱动模块以及 I/O 模块等构成。数控系统通过接口和这些模块建立联系，然后通过这些模块驱动数控机床执行部件，从而使数控机床按照指令要求有序地工作。

（一）HMI 的结构与接口

XS2：标准 PS/2 键盘接口；

XS7：USB 接口（USB2.0）（图 3-1）；

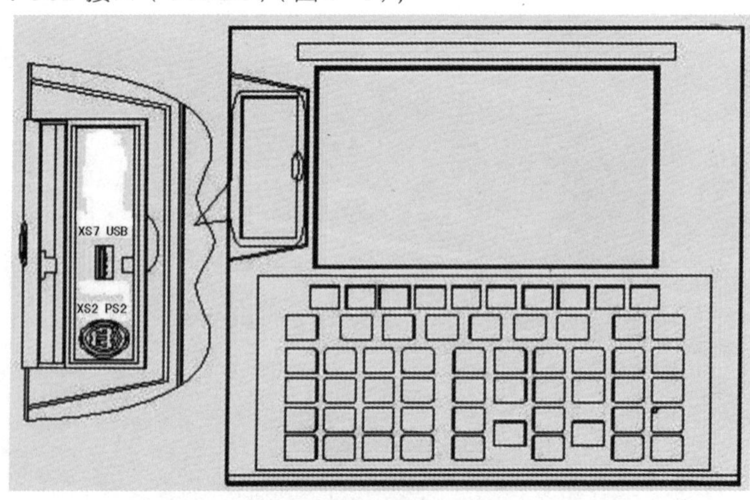

图 3-1　A 系列数控装置接口图——上面板正面

XS6A：NCUC 总线入接口；

XS6B：NCUC 总线出接口；

XS8：手持单元接口（图 3-2）。

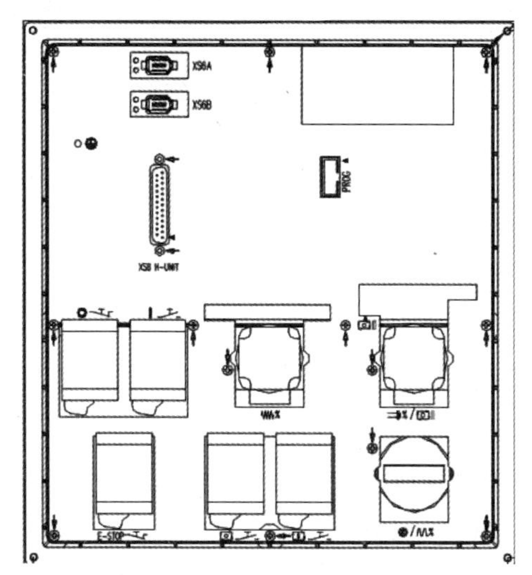

图 3-2　A 系列数控装置接口图——下面板背面

（二）IPC-100 模块接口

IPC 单元（图 3-3）是 HNC-8 系列数控装置的核心控制单元，相当于网络中的服务器。

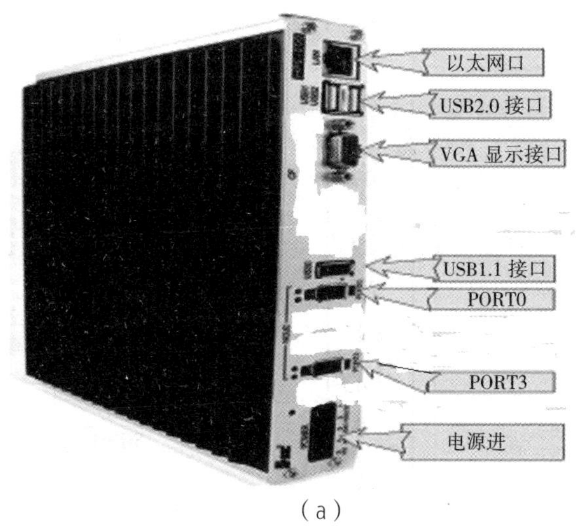

（a）

图 3-3　IPC 单元

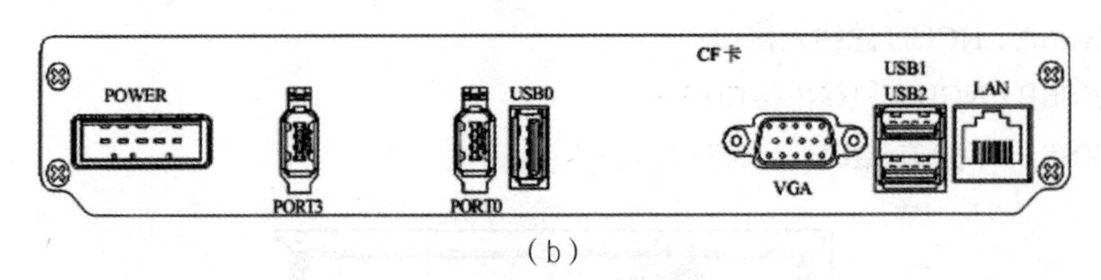

（b）

图 3-3　IPC 单元（续图）

POWER：24V 电源接口，接 HPW-145U 带 UPS 的 DC 24V，保证系统在异常掉电后，保持设备的运行状态；

PORT 0/3：NCUC 总线出 / 入接口；

USB0： 外部 USB1.1 接口；

VGA： 内部使用的视频信号口；

USB1&USB2： 内部使用的 USB2.0 接口；

LAN： 外部标准以太网接口。

（三）电源—— HPW-145U

UPS 开关电源 (HPW-145U) 是 HNC-8 系列数控系统所需的开关电源，该开关电源具有掉电检测及 UPS 功能（图 3-4）。该电源共有 4 路额定输出电压 DC +24V，总额定输出电流 6A，额定功率 145W，具有短路保护、过流保护。

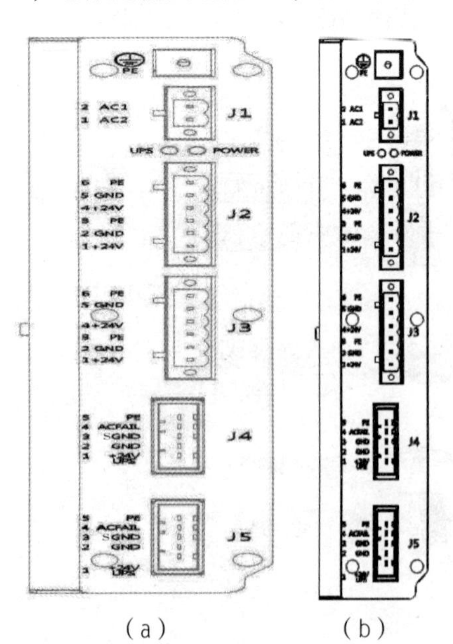

（a）　　（b）

信号名	说 明
PE	保护地

J1：交流电输入端口

信号名	说 明
AC1	220V 交流输入
AC2	220V 交流输入

J2，J3：DC +24V 输出端口

信号名	说 明
+24V	DC +24V 输出
GND	电源地
PE	保护地

J4，J5：带 UPS 功能的 DC +24V 输出端口

信号名	说 明
+24VUPS	带 UPS 功能的 DC +24V 输出
GND	电源地
SGND	信号地
ACFAIL	掉电检测信号输出
PE	保护地

图 3-4　UPS 开关电源接口示意图及定义

（四）HIO-1000 总线式 I/O 单元

1.HIO-1000 总线式 I/O 单元特性简介

（1）通过总线最多可扩展 16 个 I/O 单元。

（2）采用不同的底板子模块可以组建两种 I/O 单元（图 3-5、图 3-6），其中 HIO-1009 型底板子模块可提供 1 个通信子模块插槽和 8 个功能子模块插槽；HIO-1006 型底板子模块可提供 1 个通信子模块插槽和 5 个功能子模块插槽。

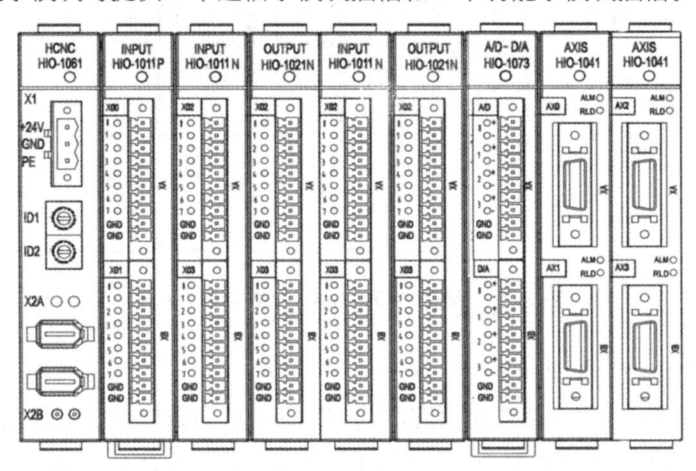

图 3-5　九槽 HIO-1000 总线式 I/O 单元

（3）功能子模块包括开关量输入 / 输出子模块、模拟量输入 / 输出子模块、轴控制子模块等。开关量输入 / 输出子模块可提供 16 路开关量输入或输出信号；模拟量输入 / 输出子模块可提供 4 通道 A/D 信号和 4 通道的 D/A 信号；轴控制子模块可提供 2 个轴控制接口，包含脉冲指令、模拟量指令和编码器反馈接口。

（4）开关量输入子模块有 NPN、PNP 两种接口可选，输出子模块为 NPN 接口，每个开关量均带指示灯。

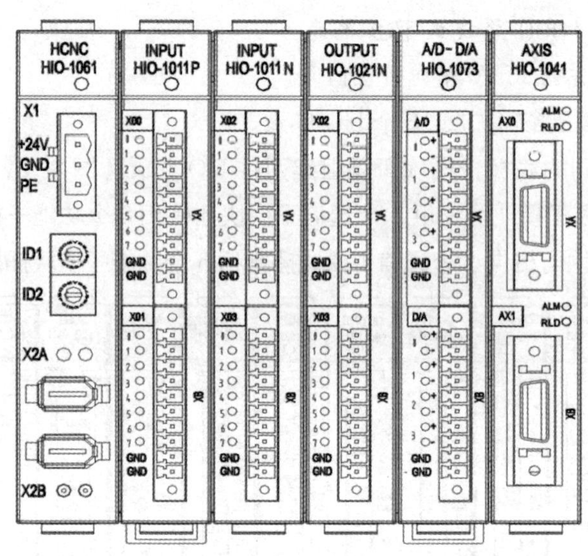

图 3-6　六槽 HIO-1000 总线式 I/O 单元

2. 通信子模块功能及接口

通信子模块(HIO-1061)负责完成与 HNC-8 系列数控系统的通信功能(X2A、X2B 接口)并提供电源输入接口(X1 接口)，外部开关电源输出功率应不小于 50W(图 3-7)。

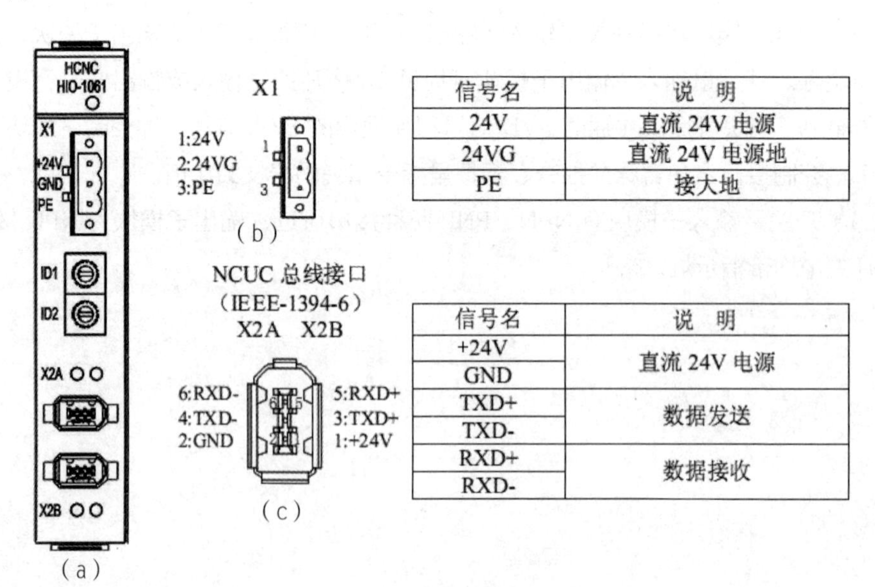

信号名	说　明
24V	直流 24V 电源
24VG	直流 24V 电源地
PE	接大地

信号名	说　明
+24V	直流 24V 电源
GND	
TXD+	数据发送
TXD-	
RXD+	数据接收
RXD-	

图 3-7　通信子模块功能及接口

3. 开关量输入子模块功能及相关接口

开关量输入子模块包括 NPN 型 (HIO-1011N) 和 PNP 型 (HIO-1011P) 两种，区别在于：NPN 型为低电平有效，PNP 型为高电平（+24V）有效，每个开关量输入子模块提供 16 路开关量信号输入（图 3-8）。

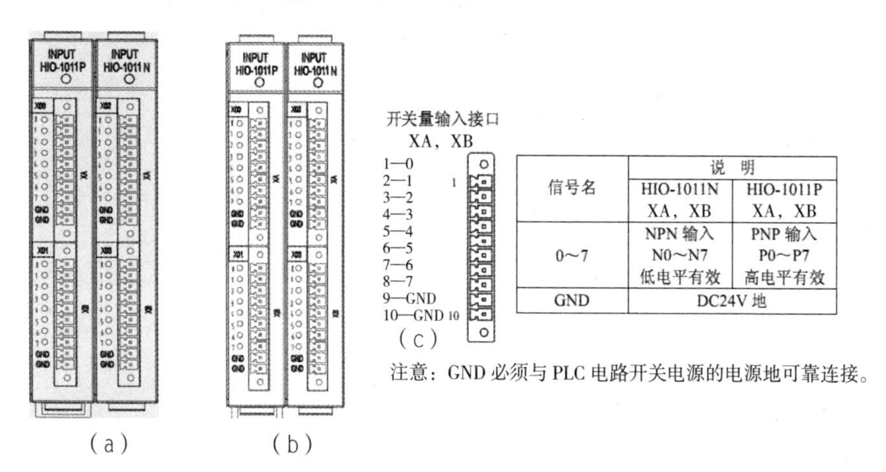

信号名	说　明	
	HIO-1011N XA，XB	HIO-1011P XA，XB
0~7	NPN 输入 N0~N7 低电平有效	PNP 输入 P0~P7 高电平有效
GND	DC24V 地	

（a）　　（b）

图 3-8　开关量输入子模块功能

4. 开关量输出子模块功能及接口

开关量输出子模块 (HIO-1021N) 为 NPN 型，有效输出为低电平，否则输出为高阻状态，每个开关量输出子模块提供 16 路开关量信号输出（图 3-9）。

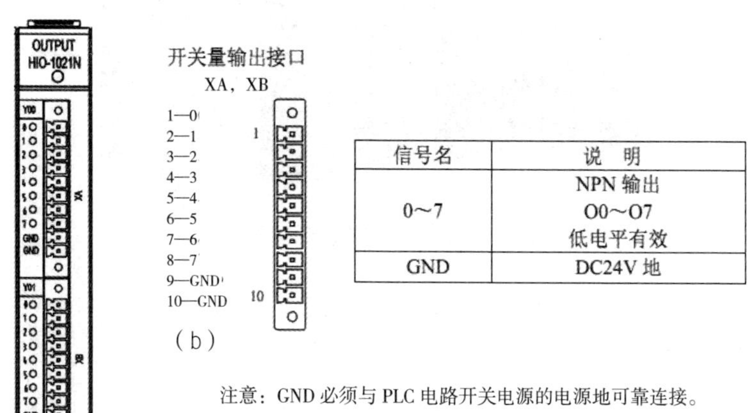

信号名	说　明
0~7	NPN 输出 O0~O7 低电平有效
GND	DC24V 地

（a）

图 3-9　开关量输出子模块功能

（五）手持单元

手持单元（图 3-10）提供急停按钮、使能按钮、工作指示灯、坐标选择（OFF、X，Y，Z，4）、倍率选择（×1，×10，×100）及手摇脉冲发生器。

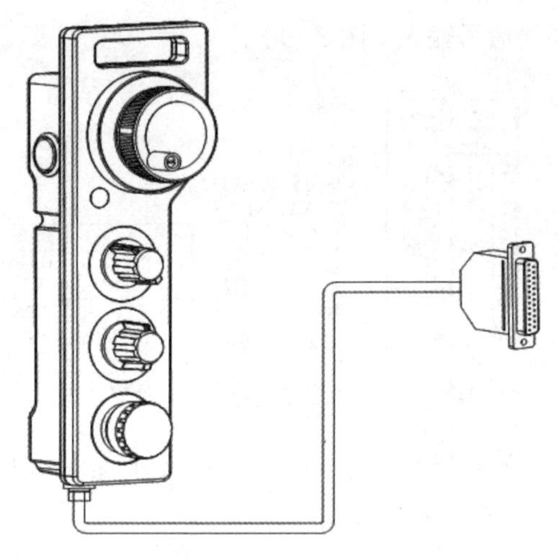

图 3-10　手持单元

（六）总线式伺服驱动装置

1. 总线式伺服驱动装置（图 3-11）的特点

图 3-11　总线式伺服驱动装置

（1）HSV-160U 低压系列（220V 电压等级）有 20A，30A，50A，75A 共 4 种规格；HSV-180U 高压系列（380V 电压等级）有 35A，50A，75A，100A，150A，200A，300A，450A 共 8 种规格等级，功率回路最大功率输出达到 75kW。

（2）采用统一的编码器接口，可以适配复合增量式光电编码器、全数字绝对式编码器、正余弦绝对值编码器；支持 ENDAT2.1/2.2、BISS、HIPERFACE、多摩川等串行绝对值编码器通信传输协议，支持单圈 / 多圈绝对位置处理。

（3）采用工业以太网总线接口，支持 NCUC 和 EtherCAT 两种总线数据链路层协议，实现和数控装置的高速数据交换，如状态监控、参数修改、故障诊断等功能。

（4）HSV-180U 支持第二编码器接口，实现全闭环控制。

（5）通过集成不同的软件模块，可以适配伺服电机、主轴电机、力矩电机等类型的电机。

2. 总线式伺服驱动装置应用

（1）数控机床进给电机和主轴电机的控制；

（2）高档数控机床精密转台和主轴摆头电机的控制。

（七）伺服电机

华中数控控股上海登奇电机技术有限公司和武汉华大新型电机科技股份有限公司，所使用的进给伺服电机和伺服主轴电机都是控股公司的产品。

二、HNC-8 型数控系统硬件的综合连接

（一）HNC-8 型数控系统总线连接图

图 3-12 所示为 HNC-8 型数控系统总线连接图。

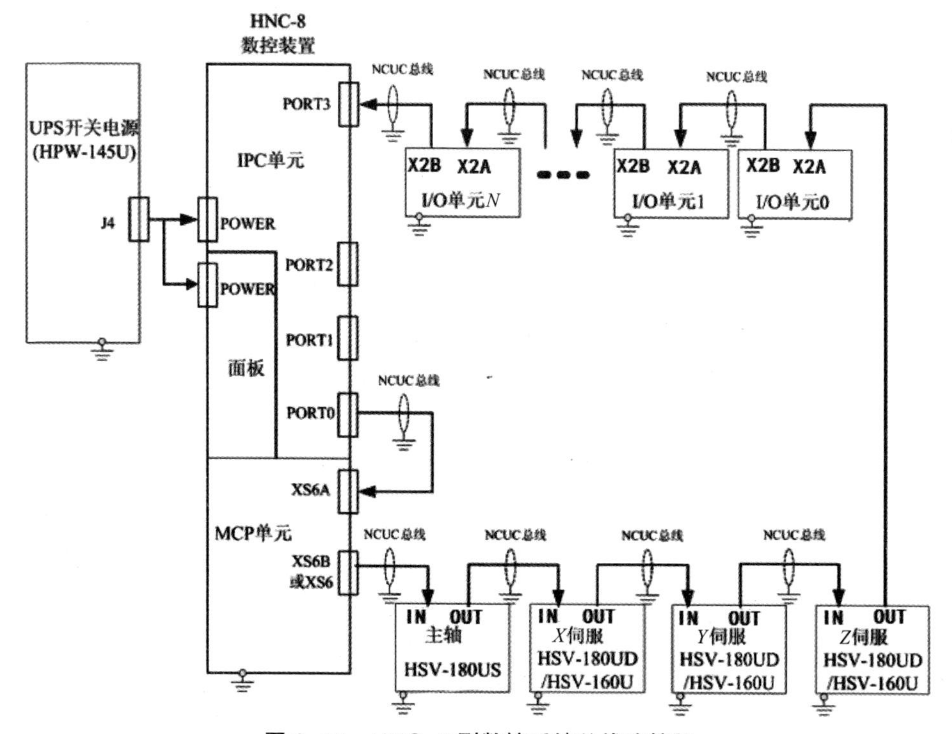

图 3-12 HNC-8 型数控系统总线连接图

（二）HNC-8 型数控系统驱动器连接图

图 3-13 所示为 HNC-8 型数控系统驱动器连接图。

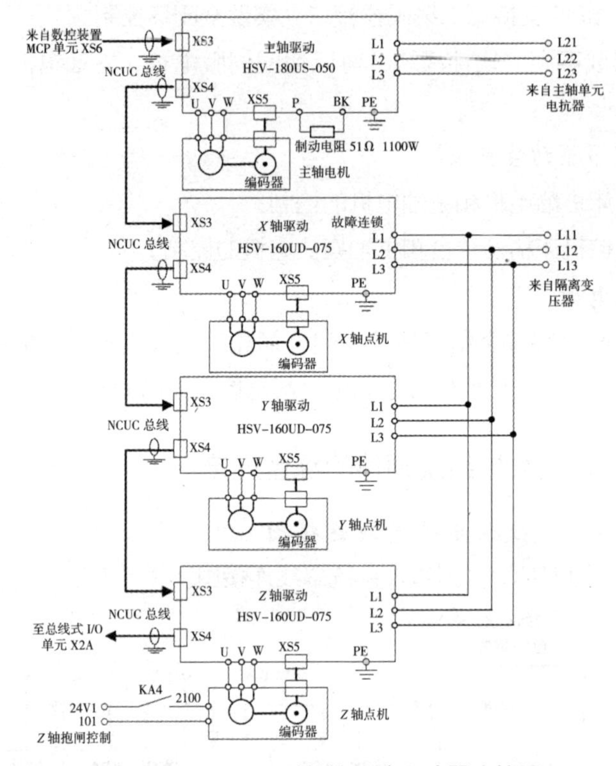

图 3-13　HNC-8 型数控系统驱动器连接图

（三）HNC-8 型数控系统 PLC 电源部分连接图

图 3-14 所示为 HNC-8 型数控系统 PLC 电源部分连接图。

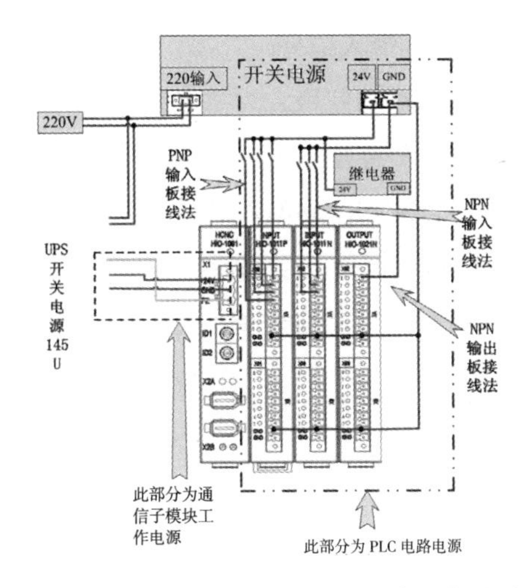

图 3-14　HNC-8 型数控系统 PLC 电源部分连接图

第二节　智能产线中数控机床 PLC 编程

一、PLC 工作原理

PLC 工作原理如图 3-15 所示。

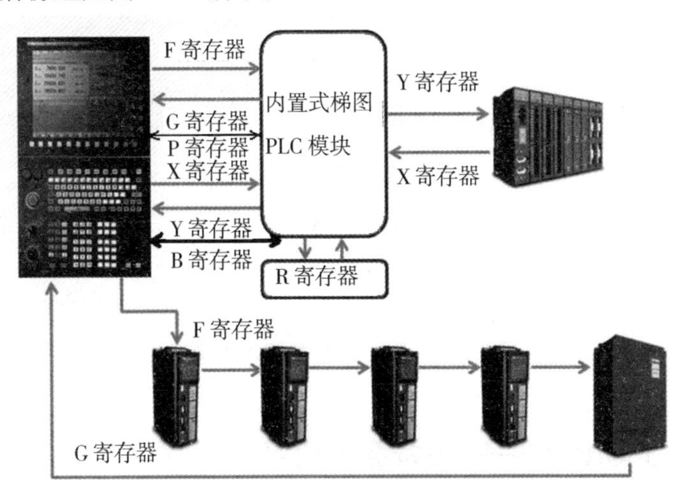

图 3-15　PLC 工作原理示意图

· X 寄存器：机床到 PLC 的输入信号。

· Y 寄存器 :PLC 到机床的输出信号。

· R 寄存器 ;PLC 内部中间寄存器。

· G 寄存器 :PLC 和轴设备到 NC 的输入信号。

· F 寄存器 :NC 到 PLC 和轴设备的输出信号。

· B 寄存器：断电保存寄存器，此寄存器的值断电后仍然保持在断电前的状态不发生变化。断电保存寄存器也可作为 PLC 参数使用，用户可自定义每项参数的用途。

· P 寄存器：用户参数寄存器，作为 PLC 参数使用，用户可自定义每项参数的用途。

二、PLC 程序结构

PLC 程序结构如图 3-16 所示。

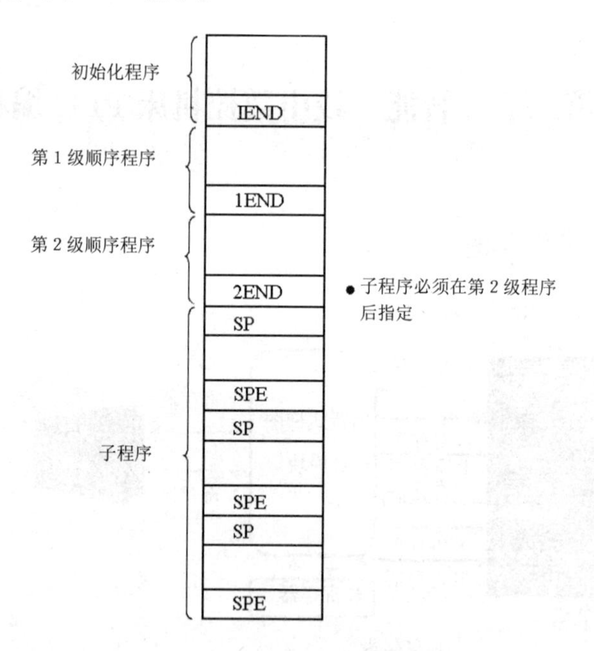

图 3-16　PLC 程序结构示意图

三、西门子博图软件——设备组态与网络

（一）组态控制

在项目视图下，新建项目步骤如下：

（1）打开“项目”菜单，选择“新建”菜单项。

（2）在创建项目的对话框中，输入项目名称、保存路径、作者、注释等信息后，单击“创建”按钮。

（二）添加新的控制器及扩展IO模块

1．添加新设备

（1）双击项目树中的“添加新设备”功能，打开“添加新设备”对话框。

（2）在对话框的控制器和HMI目录中选中要添加的设备后，单击“确定”按钮。

备注：控制器（PLC）型号为CPU 1215DC/DC/DC，订货号为6ES7215-1AG40-0XB0，固件版本为V4.1。

2．修改控制器的属性参数

进入PLC的设备视图，打开“属性”窗口，选中“PROFINET接口”中的“以太网地址”，将IP地址设置为192.168.10；选中“DI/14DQ 10”中的“I/O地址”，将“输入地址”和“输出地址”设置“起始地址”为0，“结束地址”为1；在选中“系统和时钟存储器”，将启用系统存储器字节和启用时钟存储器字节勾选“√”。

3．添加PLC的扩展IO模块

（1）在软件右侧的硬件目录中，选中要添加的设备后，单击“确定”按钮。

备注：2个扩展IO模块型号为DI 16×24VD/DQ 16×Relay，订货号为6ES7 223-1PL32-0XB0，固件版本为V2.0；

2个扩展IO模块型号为DI 16×24VDC，订货号为6ES7 221-1BH32-0XB0，固件版本：V2.0。

（2）在PLC的设备视图中，选中扩展IO模块，再打开模块的“属性”窗口，选中“I/O地址”条目，分别将“输入地址”的起始地址和“输出地址”的起始地址进行修改（表3-1）。

表3-1　输入地址和输出地址的起始地址

插槽	输入地址	输出地址
插槽2	2—3	2—3
插槽3	4—5	4—5
插槽4	8—9	
插槽5	10—11	

4. 添加 PLC 的通信模块

（1）在软件右侧的硬件目录中，选中要添加的设备后，单击“确定”按钮。

备注：通信模块型号为 CM 1241(RS422/485)，订货号为 6ES7 241-1CH32-0XB0，固件版本为 V2.1。

（2）在 PLC 的设备视图中，选中通信模块，再打开模块的“属性”窗口，选中“RS422/485”条目中的“端口组态”进行参数的修改（表 3-2）。

表 3-2　端口组态参数

端口组态		参数
操作模式		半双工（RS 485），2 线制模式
接收行初始状态		无
断路	波特率	115.2
	奇偶校验	无
	数据位	8 位 / 字符
	停止位	1
	等待时间	20 000

（三）添加新的 HMI

1. 添加新的设备

切换至“网络视图”，点击右侧“硬件目录”，选中要添加的 HMI 设备后，单击“确定”按钮。

备注：HMI 触摸屏型号，SIMATIC HMI TP700 精智面板，7 寸显示屏——订货号为 6AV2 124-0GC01-0AX0，固件版本为 13.0.1.0。

2. 修改 HMI 的 IP 地址

HMI 添加完成后，进入 HMI 的设备视图，打开“属性”窗口，选中“PROFINET 接口”中的“以太网地址”，将 IP 地址设置为 192.168.8.11。

（四）组态网络

打开项目树，双击“设备和网络”条目，进入“网络视图”。

1. 方法一（鼠标拖放操作）

（1）选中某个设备的 PN 端口（绿色方框），按住鼠标左键不放。

（2）拖动鼠标移动到其他设备的 PN 端口，然后释放鼠标左键。

2. 方法二（右键菜单操作）

（1）选中某个设备的 PN 端口，单击鼠标右键调出右键菜单，选择“添加子网”。

（2）选中某个设备的 PN 端口，单击鼠标右键调出右键菜单，选择“分配新子网”。

（五）工具整理

按要求整理工具，清理实训台，并由老师检查。

四、西门子 PLC 的 Modbus-TCP/IP 通信编程与调试

西门子 PLC 的 Modbus-TCP/IP 通信编程与调试的硬件和软件要求分析如表 3-3、表 3-4 所示。

表 3-3　硬件列表

名　称	数　量	订货号
SIMATIC CPU1215 DC/DC/DC(固件 V4.1)	1	
网线	若干	
编程器兼软件测试机	1	

表 3-4　软件列表

名　称	订货号
SIMATIC STEP7 Professional V13 SP1	6ES7822-1AA01-0YA5

（一）配置 S7-1200 作为 Modbus TCP Client 与通信伙伴建立通信

步骤 1：打开 TIA Portal V13 SP1 软件，新建一个项目，在项目中添加 CPU1215 DC/DC/DC，为集成的 PN 接口新建一个子网并设置 IP 地址。

步骤 2：在 CPU1215 DC/DC/DC 程序块的 OB 组织块中添加 Modbus TCP Client 功能块“MB_CLIENT”版本 V3.1，软件将提示会为该 FB 块增加一个背景

数据块。

步骤 3：创建一个全局数据块用于匹配功能块“MB_CLIENT”的管脚参数“MB_DATA_PTR”。

步骤 4：对于功能块“MB_CLIENT”的其他管脚参数进行定义。

步骤 5：在项目树中，打开 PLC 文件夹，进入“程序块”→“系统块”→“系统资源”，打开上述功能块“MB_CLIENT”的背景数据块“MB_CLIENT_DB”，在该块中找到“MB_UNIT_ID”参数，该参数表示通信服务器伙伴的从站地址，该地址与通信伙伴一致。

步骤 6：重复上述 2，3，4，5 步骤，再调用一个 Modbus TCP Client 功能块，并配置相关管脚。

步骤 7：测试通信数据交换。

1.PLC 写数据传输到机器人的方法

（1）将当前项目的 PLC 切换到在线模式状态，打开数据块 DB2“date_robot_write”；

（2）监视所有的数据，然后可以修改每一个变量的数值；

（3）选中变量，右键“修改操作数”，输入数值后，点击“确定”按钮即可生效。

2. 机器人写数据传输到 PLC 的方法

在机器人示教器的 Modbus 显示菜单中，切换到“输入寄存器”，修改 IN_reg[1] 的数值，然后在博图软件中，打开对应的 DB3“data_robot_read”数据块，监视所有变量，可以看到所有变量值的当前值。

（二）配置 S7-1200 作为 Modbus TCP Server 与通信伙伴建立通信

步骤 1：在 CPU1215 的 PLC 功能块中添加 Modbus TCP Server 功能块“MB_SERVER”版本 V3.1，软件将提示会为该 FB 块生成一个背景数据块；

步骤 2：创建一个全局数据块用于匹配功能块“MB_SERVER”的管脚参数“MB_HOLD_REG”；

步骤 3：管脚参数设置。

功能块“MB_SERVER”的其他管脚参数如表 3-5 所示。

表 3-5 MB_SERVER 管脚参数

“MB_SERVER”的管脚参数	管脚声明	数据类型	含 义
DISCONNECT	输入	Bool	0—连接不存在时，可启动建立被动连接 1—连接存在时，则断开连接
CONNECT_ID	输入	Uint	唯一标识 PLC 中的每个连接
IP-PORT	输入	Uint	默认值 =502：IP 端口号，将监视该端口来自 Modbus 客户端的连接请求
MB_HOLD_REG	输入 / 输出	Variant	指向 MB_SERVER Modbus 保持寄存器的指针：必须是一个标准的全局 DB 或 M 存储区地址
NDR	输出	Bool	0—没有读取数据 1—从 Modbus 客户端写入的新数据
DR	输出	Bool	0—没有读取数据 1—从 Modbus 客户端读取的数据
ERROR	输出	Bool	MB_SERVER 执行因错误而终止后，ERROR 位将保持 TRUE 一个扫描周期时间
STATUS	输出	Word	通信状态信息，用于诊断；STATUS 参数中的错误代码值仅在 ERROR=TRUE 的一个循环周期内有效

步骤 4：测试通信数据交换。

PLC 写数据传输到 MES 系统的方法如下：

（1）将当前项目的 PLC 切换到在线模式状态，打开数据块 DB5“Data_MES”；

（2）监视所有的数据，然后可以修改指定变量 D41 ～ D52；

（3）选中变量，右键“修改操作”，输入数值后，点击“确定”按钮即可生效。

（三）工具整理

按要求整理工具，清理实训台，并由老师检查。

五、西门子 PLC 的 Modbus-RTU 通信编程与调试

西门子 PLC 的 Modbus-RTU 通信编程与调试的硬件和软件要求分别如表 3-6、表 3-7 所示。

表 3-6 硬件列表

名 称	数 量	订货号
SIMATIC CPU1215 DC/DC/DC(固件 V4.1)	1	6ES7 215-1AG40-0XB0

续 表

名 称	数 量	订货号
CM1241(RS422/485)	1	6ES7 241-1CH32-0XB0
RFID 读写器	1	思谷（品牌）
RS485 串口通信线	若干	
编程器兼软件测试机	1	

表 3-7　软件列表

名 称	订货号
SIMATIC STEP7 Professional V13 SP1	6ES7822-1AA01-0YA5

（一）配置 S7-1200 作为主站与通信伙伴建立通信

步骤 1：依据前面内容进行通信模块的组态与参数调试。

步骤 2：在 CPU1215 程序中添加一个 FB 功能块“RFID_Com”，后在“RFID_Com”中添加功能块“Modbus_Comm_Load”，作为通信接口使用。

步骤 3：对于功能块“Modbus_Comm_Load”的其他管脚参数进行定义。

步骤 4：创建一个功能块用于匹配功能块“Modbus_Comm_Load”的管脚参数“MB_DB”。

步骤 5：创建一个用于匹配功能块“Modbus_Master”的管脚的数据块。

（二）测试通信数据交换

1.PLC 写数据到 RFID 标签中的方法

（1）将当前项目的 PLC 切换到在线模式状态，打开数据块 DB8“RFID_Com_Data”；

（2）监视所有数据，然后可以修改“数据写入 _1”至“数据写入 _5”变量的数值；

（3）选中变量，右键“修改操作数”，输入数值后，点击“确定”按钮即可生效；

（4）将 RFID 读写器对齐 RFID 标签，使 RFRID 读写器处于“蓝色”状态下；

（5）选中“写入”管脚 M2.1，右键“修改”→“修改为 1”，即可触发写入功能。写入完成后将输出“脉冲”M2.3，再右键“修改”→“修改为 0”，即可完成一次写入功能。

2.PLC 读取 RFID 标签中数据的方法

（1）将当前项目的 PLC 切换到在线模式状态，打开数据块 DB8“RFID_Com_Data”；

（2）监视所有数据；

（3）将 RFID 读写器对齐 RFID 标签，使 RFID 读写器处于“蓝色”状态下；

（4）选中“读取”管脚 M2.0，右键“修改”→“修改 1”，即可触发读取功能，读取完成后将输出“脉冲”M2.2，再右键“修改”→“修改为 0”，即可完成读取功能。

（三）工具整理

按要求整理工具，清理实训台，并由老师检查。

第三节　智能产线在线检测

一、线智能检测测头

（一）接线（电柜端）

纯红色线：电源 +24V；

红白线：电源 0V；

纯蓝线：PLC 输入（跳转信号 X3.6，根据机床系统 PLC 定义）；

蓝白线：信号 0V，可以与电源 0V 并接在一起；

黄绿线：地线。

（二）接线（接收器端）

让公插的凹槽对准母插的红点，把螺旋扣旋紧（图 3–17）。

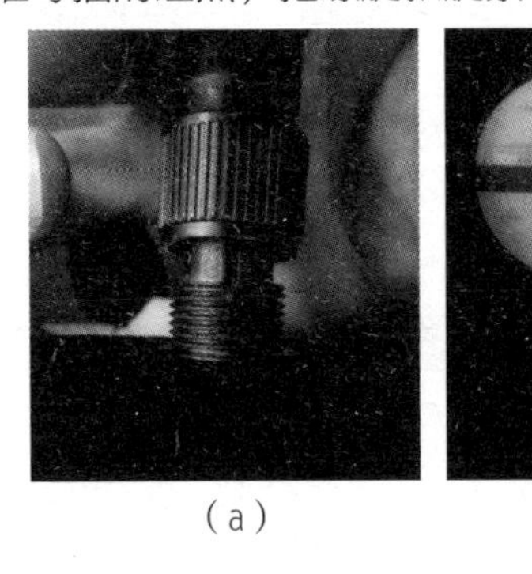

（a）　　（b）

图 3–17　接线

（三）安装刀柄拉钉和锁紧螺丝

安装刀柄拉钉和锁紧螺丝如图 3-18 所示。

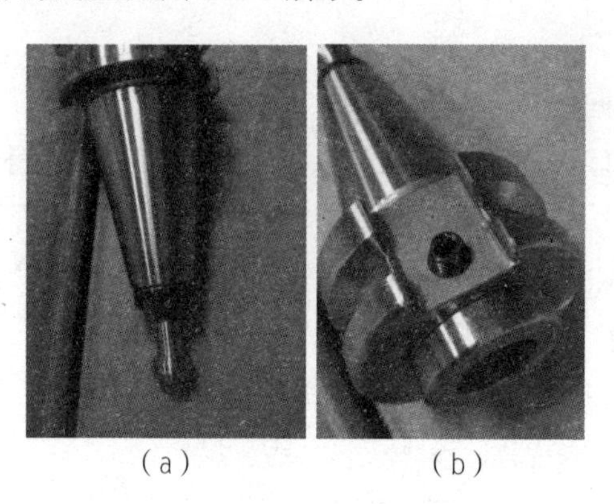

（a）　　（b）

图 3-18　安装刀柄拉钉和锁紧螺丝

（四）连接刀柄和测头

松开测头的 4 颗调节螺丝，把刀柄和测头连接，并旋紧 2 颗锁紧螺丝和 4 颗调节螺丝，注意让刀柄和测头尽量保持同心（图 3-19）。

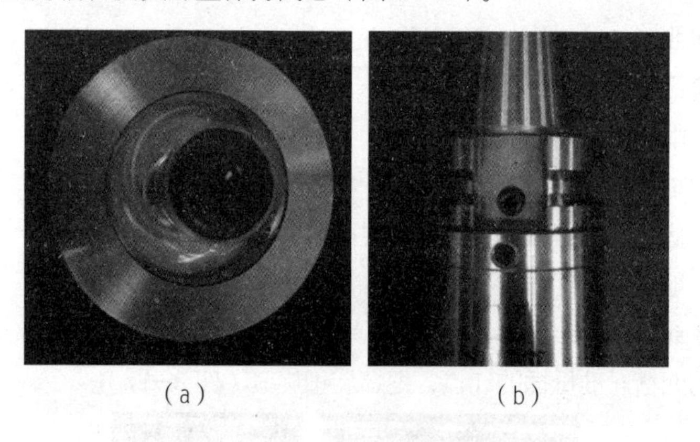

（a）　　（b）

图 3-19　连接刀柄和测头

（五）安装测头电池

注意区分正负极；锁紧电池盖（必须把电池盖旋紧，否则容易造成漏水并损坏测头）（图 3-20）。

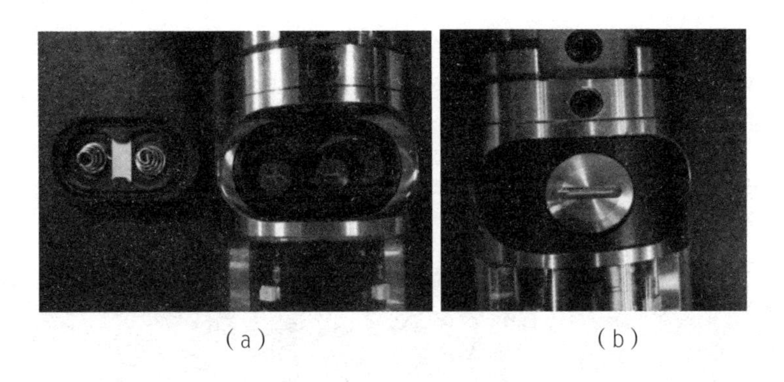

（a） （b）

图 3-20 安装测头电池

（六）安装测针

安装测针需用扳手轻轻锁紧，用力过度会造成测头损坏（图 3-21）。

（a）顺时针拧紧测试

（b）稍稍用力拧紧即可

图 3-21 安装测针

（七）信号测试

诊断→状态显示→查看信号点对应位置 (X3.6) 是否为 0，轻轻触碰测针后变为 1（正常状态）。否则需要把接收器后面的开关拨到另外一边。此时再触碰测针应该会由 0 变 1。

图 3-22 信号测试

在 MDI 模式下输入：G91 G31 L4 X100. F100.; G91 G01 Y100.F100.;（L4，L5 根据机床来定），并按循环启动，坐标开始只有 X 轴变化，碰下测针，变成只有 Y 轴变化，证明 G31 跳转功能正常。

（八）安装密封圈和后盖，并把磁吸底座装好

安装密封圈和后盖如图 3-23 所示。

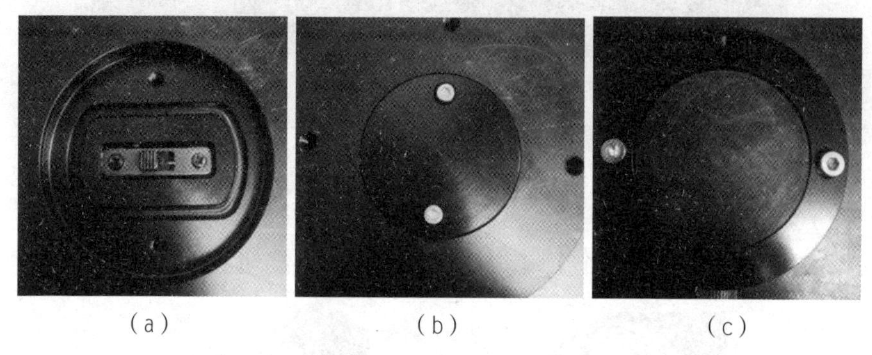

（a）（b）（c）

图 3-23　密封圈、后盖、磁吸底座的安装

（九）安装测头到指定刀号上面，并把刀摆调节到 0.01mm 以内

安装测头到指定刀号如图 3-24 所示。

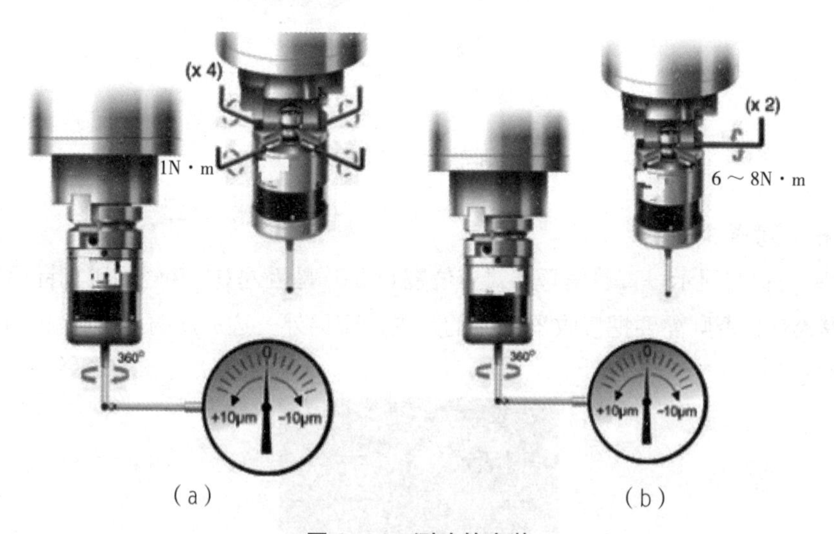

（a）（b）

图 3-24　测头的安装

二、HNC-8 数控系统测量工作原理

（一）系统宏变量

#1000 ～ #1008　当前通道轴（9 轴）机床位置　只读

#1009　车床直径编程　只读

#1010 ～ #1018　当前通道轴（9 轴）编程机床位置　只读

#1020 ～ #1028　当前通道轴（9 轴）编程工作位置　只读

#1030 ～ #1038　当前通道轴（9 轴）的工作点位置　只读

#1039　坐标系　只读

#1090　用户自定义输入　只读

#1091　用户自定义输出　只读

#1020 ～ #1149　当前正运行程序自变量（A ～ Z）的内容　只读

（二）G31 跳段功能

G31 为跳段功能，是非模态 G 指令，仅在其指令的程序段中有效，一般用于测头的测量程序中。在执行此指令段时，若有外部的跳段信号输入，则不继续执行该指令的未完成部分，转而执行下一条程序段。信号接通时，运动轴的坐标值存储在相应的宏变量中，#1000 ～ #1008 当前通道轴（9 轴）机床位置等，可以用于宏程序。

G31 L_ 所需跳段的 G 代码：程序跳段需有外部的跳段信号输入，在 8 型系统软件中接收外部跳段信号是由 PLC 完成的，见图 3-25 及表 3-8。

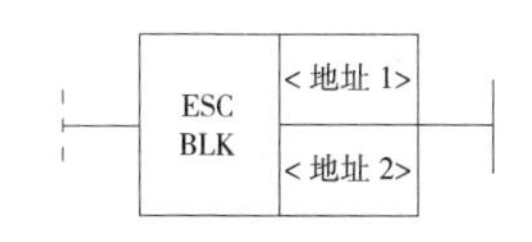

图 3-25

表 3-8　通过参数设定需要激活跳段的通道

参　数	数据类型	存储区域	说　明
<地址 1>	INT	常数	需要激活跳段功能的通道
<地址 2>	INT	常数	G31 的序号

举例如图 3-26 所示。

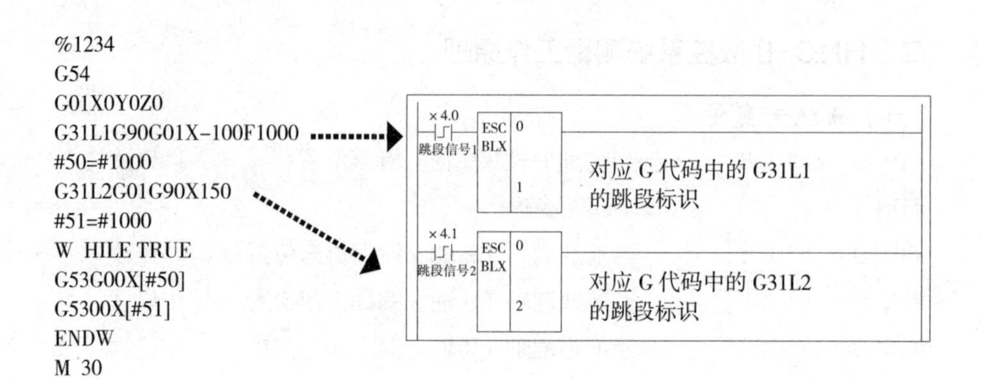

图 3-26　G31 跳段通道举例

（三）用户自定义输入

用户自定义输入在 PLC 中使用 USERIN 模块，如图 3-27 所示。

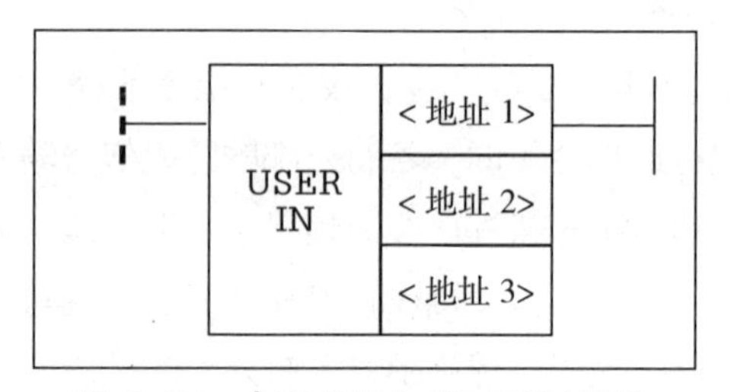

图 3-27　自定义输入 USERIN 模块

1. 功能说明

设置用户输入，当前置有效时，设置通道中用户自定义的位为 1，此时系统中的宏变量将随之变化。

2. 参数说明

参数 1：通道号；

参数 2：保留；

参数 3：下标，下标大小不得超过 32。

3. 示例

如当 X31.4 输入为高电平时，通道 0 中的 G 代码执行程序段 1，当 X31.4 输入为低电平时，执行程序段 2（图 3-28）。

M90

IF # 1190 & 16 ······················➤ 判断用户输入状态 #1190 bit5 是否为 1

……;(程序段 1)

ELSE

……;(程序段 2)

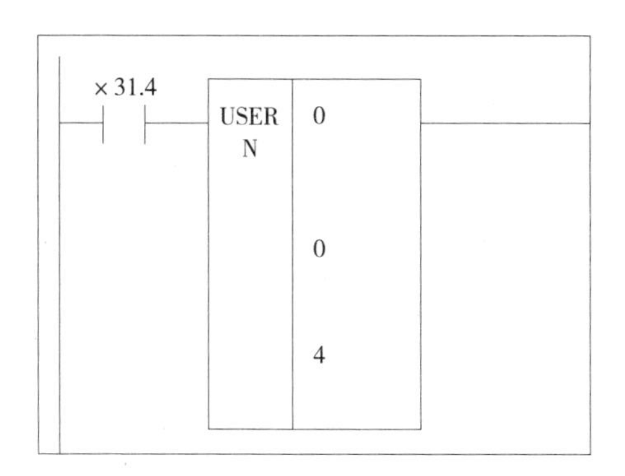

图 3-28 自定义输入 USERIN 模块实例

(四)G10L2 修改工件坐标系统 G5X

G10 L2 Pp IP_ 参数含义见表 3-9。

表 3-9 G10L2 Pp IP_ 参数含义

参 数	含 义
Pp	指定相对工件坐标系 1 ~ 6 的工件原点偏置值: 1 对应 G54 工件坐标系 2 对应 G55 工件坐标系 3 对应 G56 工件坐标系 4 对应 G57 工件坐标系 5 对应 G58 工件坐标系 6 对应 G59 工件坐标系
IP	若是绝对指令,是每个轴的工件原点偏置值 若是增量指令,累加到每个轴原设置的工件原点偏置值上

假设 G54 初始值工件坐标设置为(X10,Y5,Z-15),运行如下 G 代码。

%0002

G54

G01X100Y100Z100 ········➤ 机床坐标系将走到值为(X120,Y105,Z85)

G10L2P1X100Y100Z50 ········➤ 更改 G54 工作坐标系零点为(100,100,50)

G11

G54

G01X20Y20Z20 ········➤ 机床坐标系将走到值为（120，120，70）

M30

三、工件测量方法及程序

在 HNC-8 系统中安装本测量循环后，在机床上用接触式探针可以对工件进行尺寸与角度测量。可以执行的测量动作包括 *O-YZ*/*O-XZ*/*O-XY* 单个平面位置测量；两个平面 / 三个平面的交点位置测量；凸台 / 凹槽的中点 / 宽度测量；内孔 / 外圆的圆心 / 直径测量；*O-YZ*/*O-XZ*/*O-XY* 平面角度测量；刀具的长度测量，并且在测量完成后可以自动设置到工件零点或刀补表中，同时将测量结果输出到宏变量中。

· 子程序说明

O9726——基本二次测量移动；

O9801——测头长度标定；

O9802——测头 *X*，*Y* 偏心值标定；

O9803——测头 *X*，*Y* 方向半径标定；

O9810——受保护的定位移动；

O9811——*O-YZ*，*O-XZ*，*O-XY* 平面测量；

O9812——凸台 / 凹槽测量；

O9814——内孔 / 外圆测量；

O9817——沿 *X*/*Y* 方向第四轴角度测量；

O9830——受保护的刀长生效移动；

O9843——*O-YZ*/*O-XZ* 平面角度测量；

O9501——对刀仪刀具长度测量；

报警文件：USR_SYTAX.TXT。

宏变量配置文件：USERMACROVAR.CFG USERMACROVAR.DAT。

· 输出宏变量列表

测量程序所使用的测头数据（断电保存）：

#600——实际中心与 *X* 正方向触发点的距离；

#601——实际中心与 *X* 负方向触发点的距离；

#602——实际中心与 *Y* 正方向触发点的距离；

#603——实际中心与 *Y* 负方向触发点的距离；

#604——测头长度值；

#605——测头 *X* 方向偏心值；

#606——测头 *Y* 方向偏心值；

#607——测头 *X* 方向触发半径；

#608——测头 *Y* 方向触发半径；

#609——测头二次测量速度（初始设置为 100 mm/min）。

测量程序输出的测量所得数据：

#630——*O-YZ* 平面或 *X* 方向中心位置值（MCS）；

#631——*O-XZ* 平面或 *Y* 方向中心位置值（MCS）；

#632——*O-XY* 平面位置值（MCS）；

#633——*X* 方向位置偏差值；

#634——*Y* 方向位置偏差值；

#635——*Z* 方向位置偏差值；

#636——尺寸值：宽度 / 直径；

#637——尺寸偏差值；

#638——角度值（单位：角度）。

· 可选输入参数说明

F——定位移动速度，默认为 1 000 mm/min，超出 2000 报警。

R——安全距离，默认为 5 mm。

H——要设置的刀偏号，不能与 S 同时输入。测头长度标定时，必须输入 H 将保存测头长度保存到刀偏表中，以便其他测量程序使用。

S——要设定的工件坐标系号：1 ～ 6 对应 G54 ～ G59（暂不能自动设定 G54.1 精细坐标系，可在测量程序结束后自己提取测量值进行设定）。

· 报警列表

8050——未定义移动速度 F；

8051——未定义目标位置值；

8052——碰撞到非预期障碍物，请手动将轴反向离开障碍物；

8053——测量期间未检测到触发信号；

8057——测量速度 Q 值过大；

8058——移动速度 F 值过大；

8059——测量凸台或圆柱时 Z 值必须小于 0；

8050——公称角度 A 不在允许范围内；

8051——未定义移动距离 D；

8052——未定义 X 或 Y；

8053——同时定义了 X 和 Y；

8054——不能同时定义 S 和 H；

8055——测头后退距离不足，未能复位。

· P196.11 工件测量功能开启

P196.11=1 时表示开启激活工件测量功能。

P196.11=0 时表示关闭工件测量功能，工件测量测头输入点、M 代码及输出点均被屏蔽。

四、HNC-8 系统 PLC 程序编制

HNC-8 系统 PLC 程序编制如图 3-29 所示。

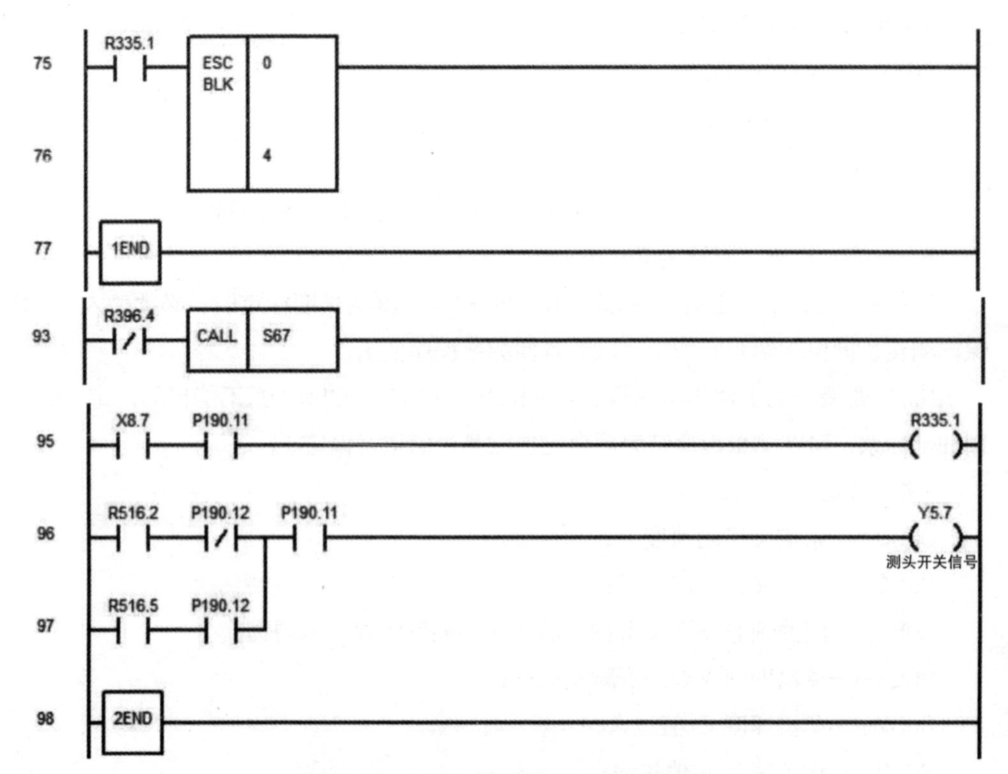

图 3-29 HNC-8 系统 PLC 程序编制

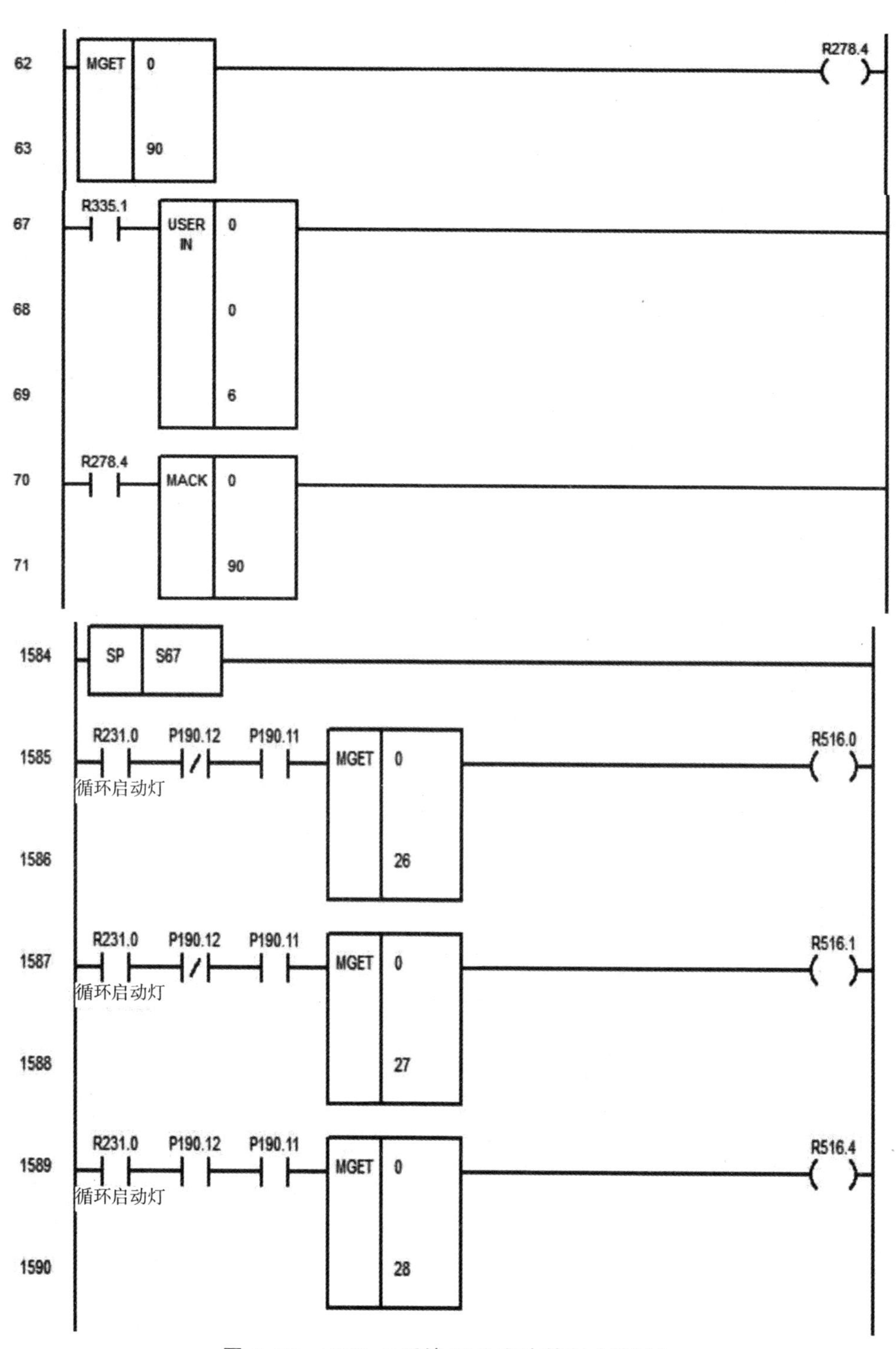

图 3-29　HNC-8 系统 PLC 程序编制（续图）

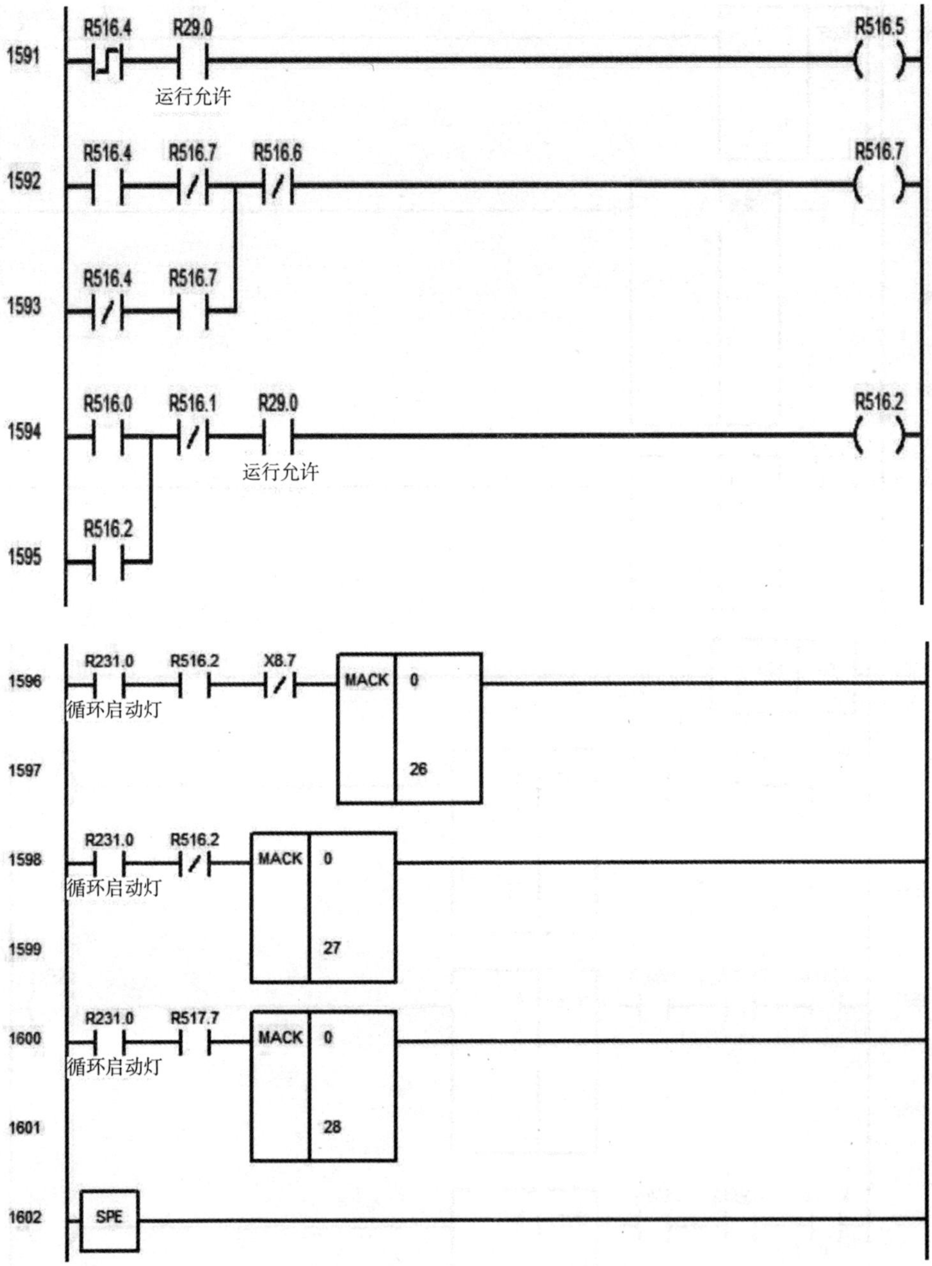

1591 R516.4 R29.0 运行允许 R516.5

1592 R516.4 R516.7 R516.6 R516.7

1593 R516.4 R516.7

1594 R516.0 R516.1 R29.0 运行允许 R516.2

1595 R516.2

1596 R231.0 循环启动灯 R516.2 X8.7 MACK 0

1597 26

1598 R231.0 循环启动灯 R516.2 MACK 0

1599 27

1600 R231.0 循环启动灯 R517.7 MACK 0

1601 28

1602 SPE

图 3-29　HNC-8 系统 PLC 程序编制（续图）

五、测量切深程序举例：程序名 O2061

```
%0001
#50040=1.23
G91G28Z0.
G0G90G40G49G80
M6 T5
G0 G90 G58 X0. Y0.
G43H14Z50.
M26(KAI TAN TOU)
G04X2.
#501=0.
#502=0.
#503=0.
(*******************X xiang**********)
G0 G90 G58 X0 Y0.
(******************P601 Y *****************)
#1=0
#2=0.
#3=30.
G90 G58 G00 X#1 Y#2
G65 P9810 Z30. F1000
G65 P9810 Z#3 F1000
G90 G65 P9811 Z-3
#501=#635
G90 G58 G00 Z[#3 + #730]
(******************P602 Y *****************)
#1 = 0
#2 = -13.76
#3=30.
G90 G58 G00 X#1 Y#2
```

```
G65 P9810 Z30. F1000
G65 P9810 Z#3 F1000
G65 P9811 Z-3.
#502=#635
#503 = #501 - #502
#50040=#503
G90 G58 G00 Z[#3 + #730]
M27
M30
```

第四节　智能产线设备相关参数

一、数控机床刀具寿命管理

智能产线在总控中的机床报警画面如图 3-30 所示。

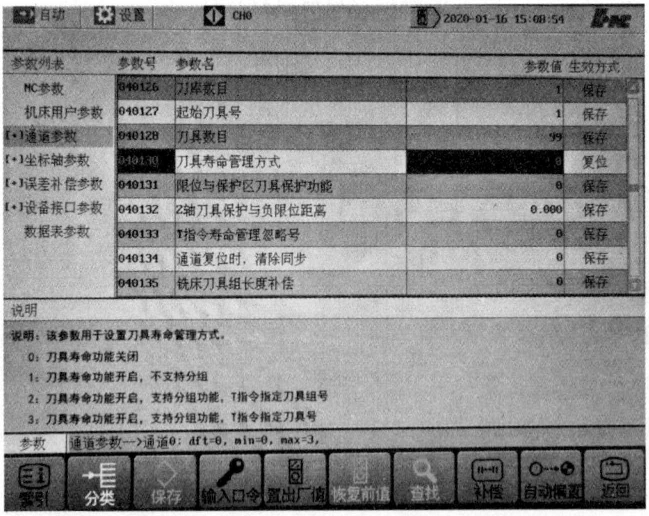

（a）

图 3-30　智能产线在总控中的机床报警画面

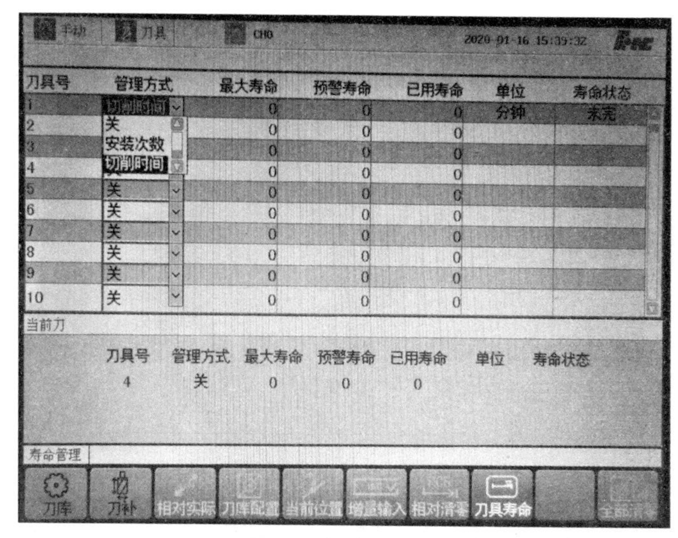

刀具号	管理方式	最大寿命	预警寿命	已用寿命	单位	寿命状态
1	切削时间	0	0	0	分钟	未完
2	关	0	0	0		
3	安装次数	0	0	0		
4	切削时间	0	0	0		
5	关	0	0	0		
6	关	0	0	0		
7	关	0	0	0		
8	关	0	0	0		
9	关	0	0	0		
10	关	0	0	0		

（b）

图 3–30　智能产线在总控中的机床报警画面（续图）

二、数控机床通信 IP 设置

数控机床通信 IP 设置如图 3–31 所示。

自动　设置　CH0　2020-01-16 15:15:13

参数列表：NC参数、机床用户参数、[+]通道参数、[+]坐标轴参数、[+]误差补偿参数、[+]设备接口参数、数据表参数

参数号	参数名	参数值	生效方式
000001	插补周期(us)	1000	重启
000002	PLC2周期执行语句数	200	重启
000005	角度计算分辨率	100000	重启
000006	长度计算分辨率	100000	重启
000010	圆弧插补轮廓允许误差(mm)	0.005	重启
000011	圆弧编程端点半径允许偏差(mm)	0.100	重启
000012	刀具轴选择方式	0	复位
000013	G00插补使能	1	保存
000014	G53/G28后是否恢复刀长补	0	保存

说明

参数　NC参数

系统参数　显示参数　时间　批量调试　数据管理　权限管理　通讯　系统升级　返回

（a）

图 3–31　数控机床通信 IP 设置画面

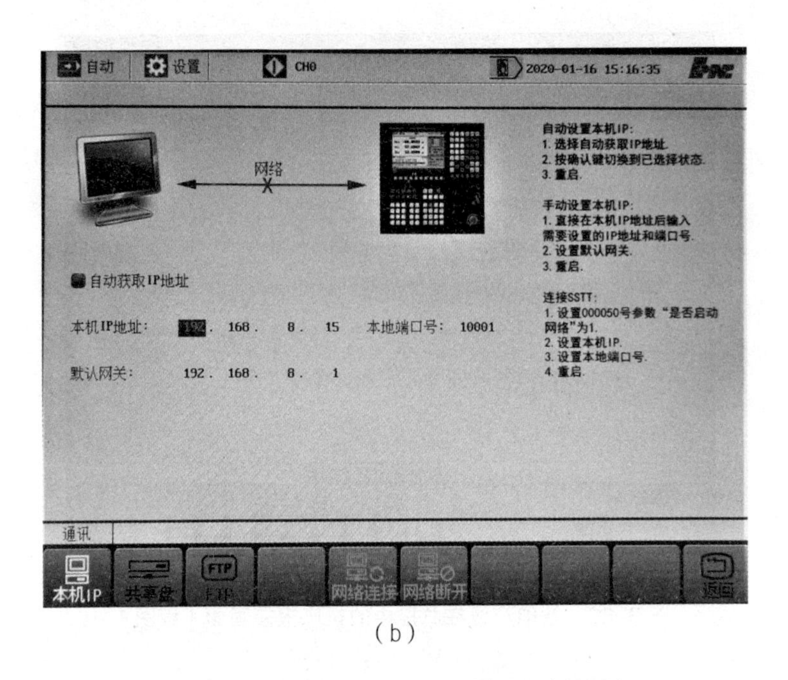

（b）

图 3–31　数控机床通信 IP 设置画面（续图）

三、远程故障诊断

智能产线中数控机床的所有报警在两个设备上显示：一是数控系统本身报警显示；二是这些报警在总控中的机床报警画面显示。

根据报警显示，可以进行相应的处理和恢复。

四、设备注意事项

（一）车床注意点

（1）所有卡盘全部设置成外卡模式，有车床带卡盘夹紧 / 松开检测功能，必须用大赛标准毛坯夹紧时才有卡盘夹紧到位信号。

（2）所有车床的顶料机构全部预安装在 8 号刀位。

（3）所有车床 IP 地址为 192.168.8.15，网关为 192.168.8.1，端口号为 10001，以上 IP 参数设置均在“通信”界面中设置。不要在机床参数中再去设置 IP 等参数，设置误操作容易造成 IP 地址重复、MES 连不上设备的问题。另外，IP 参数设置后重启生效。

（二）加工中心注意点

（1）气动虎钳和自动门为单线圈电磁阀控制，在控制电磁阀不得电的情况下，气动虎钳为夹紧状态，自动门为开门状态。

（2）加工中心手动开关自动门按钮为 MCP 面板的“自动门”按钮，手动模式下操作有效；友龙加工中心手动开关自动门按钮为 MCP 面板的“F3”按键，手动模式下操作有效。

（3）加工中心手动开关气动虎钳按钮为 MCP 面板的“F3”按钮，无联机请求下，手动模式下操作有效；友龙加工中心手动开关自动门按钮为 MCP 面板的“F4”按键，无联机请求下，手动模式下操作有效。

（4）加工中心 IP 地址为 192.168.8.16，网关为 192.168.8.1，端口号为 10001，以上参数设置均在“通信”界面中设置。不要在机床参数中再去设置 IP 等参数，设置误操作容易造成 IP 地址占用、MES 连不上设备的问题。另外，IP 参数设置后重启生效。

（三）M 代码

以下 M 代码在车床和加工中心上都通用。

M10　卡盘松开

M11　卡盘夹紧

M100　加工完成

M110　自动门开

M111　自动门关

M103　预完成

M128　加工中

M150　换料点（原点）确认

（四）在 SIEMENS HMI 的按钮操作注意点

在车床和加工中心上 PLC 写的外部手动控制自动门、虎钳、吹气等程序段，在机床收到联机请求、MES 停止前提下，HMI 上的操作才有效。

（五）机床换料点（原点）设置注意点

为了简单，可以直接在 G 代码中直接添加具体的坐标值作为换料点（原点），但加工中心的换料点（原点）最好记录在某个位置，防止随意换料点位置记不住。

（六）机床卡盘（虎钳）松紧控制注意点

（1）车床松紧在加工中 M10/M11 有效，在加工完成后外部输入信号控制有效。

也就是说车床执行 M128 后，M10/M11 才有效；执行 M100 后，外部输入控制卡盘信号才有效，外部输入的控制卡盘上升沿信号控制卡盘夹紧，外部输入控制卡盘下降沿信号控制卡盘松开。由于采用上升沿、下降沿信号控制卡盘，如果要控制卡盘松开，外部控制程序需要先夹紧再松开。如果要控制卡盘夹紧，外部控制程序需要先松开再夹紧。

（2）加工中心气动虎钳在单机下仅执行 M10/M11 有效，在联机下外部输入控制气动虎钳信号才有效，外部输入的控制卡盘上升沿信号控制气动虎钳夹紧，外部输入控制卡盘下降沿信号控制气动虎钳松开。加工中心气动虎钳外部程序控制可参考车床卡盘外部控制。

第四章　华中数控系统 818A 操作说明

第一节　华中数控系统概述

一、操作面板

34.67cm（10.4 寸）彩色液晶显示器（分辨率为 800×600），操作面板划分如图 4-1 所示。

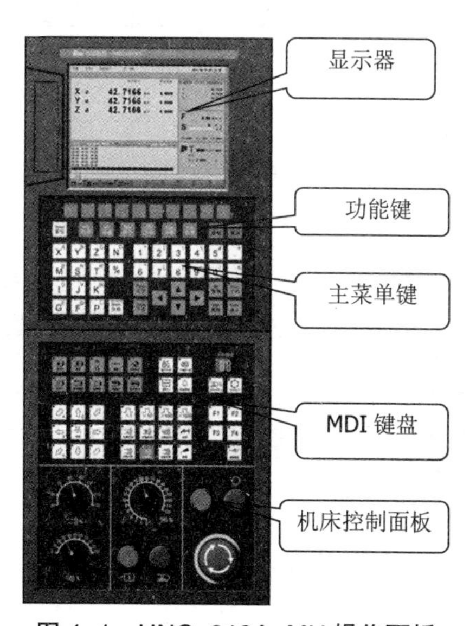

图 4-1　HNC-818A-MU 操作面板

二、数控系统控制面板按钮及功能介绍

（一）数控系统 NC 键盘

NC 键盘包括精简型 MDI 键盘、六个主菜单键和十个功能键，主要用于零件程序的编制、参数输入、MDI 及系统管理操作等，如图 4-2 所示。

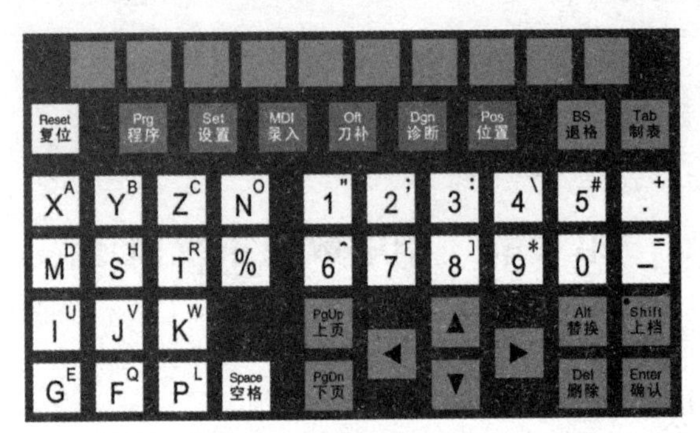

图 4-2 HNC-818A 数控系统 NC 键盘

数控系统 NC 键盘功能键说明见表 4-1。

表 4-1 数控系统 NC 键盘功能键

名　称	功能键图	功能说明
数字键	1 2 3 4 5 6 7 8 9 0	用于数字“0 ～ 9”的输入和符号的输入
运算键	+ . = –	用于算术运算符“+，–，*，/”的输入
字母键	X Y Z N M S T % I J K G F P Space 空格	用于 A，B，C 等字母的输入
复位	Reset 复位	用于使所有操作停止，返回初始状态
程序	Prg 程序	用于程序新建、修改、校验等操作

续　表

名　称	功能键图	功能说明
设置	 Set 设置	用于参数的设定、显示，自动诊断功能数据的显示等
录入	 MDI 录入	在 MDI 方式下输入及显示 MDI 数据
刀补	 Oft 刀补	用于设定并显示刀具补偿值、工件坐标系
诊断	 Dgn 诊断	用于显示 NC 报警信号的信息、报警记录等
位置	 Pos 位置	用于显示刀具的坐标位置
上档	 Shift 上档	用于输入按键右上角的字母或符号
退格	 BS 退格	用于取消最后一个输入的字符或符号
取消	 Cancel 取消	退出当前窗口
确认	 Enter 确认	用于程序换行
删除	 Del 删除	用于删除程序字符或整个程序
上页	 PgUp 上页	用于程序向前翻页
下页	 PgDn 下页	用于程序向后翻页
光标移动键	 ▲ ◀ ▶ ▼	用于控制光标上下左右移动

（二）机床控制面板

机床控制面板用于直接控制机床的动作或加工过程，如图 4-3 所示。

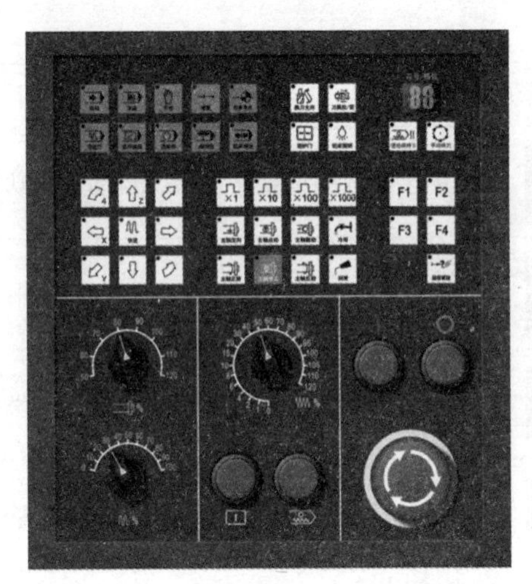

图 4-3　HNC-818A-MU 机床控制面板

机床控制面板功能介绍见表 4-2。

表 4-2　机床控制面板功能

名　称	功能键图	功能说明
系统电源开		按下“电源开”，数控系统上电
系统电源关		按下“电源关”，数控系统断电
急停开关		当出现紧急情况而按下“急停”按钮时，数控系统即进入急停状态，伺服进给及主轴运转立即停止工作
超程解除	超程解除	当机床出现超程报警时，按下“超程解除”按钮不要松开，然后用手摇脉冲发生器或手动方式反向移动该轴，从而解除超程报警
自动	自动	在自动工作方式下，系统自动运行所选定的程序，直至程序结束
单段	单段	在单段工作方式下，机床逐行运行所选择的程序。每运行完一行程序，机床会处于停止状态，需再次按下“循环启动”按钮，才会启动下一行程序

续　表

名　称	功能键图	功能说明
手动	 手动	在手动运行方式下，可执行冷却开停、主轴转停、手动换刀、机床各轴运动控制等
增量	增量	在增量进给方式下，可定量移动机床坐标轴，移动距离由倍率调整，即由“×1”“×10”“×100”“×1 000”四个增量倍率按键控制
回参考点	 回参考点	回参考点操作主要是建立机床坐标系。系统接通电源、复位后首先应进行机床各轴回参考点操作
空运行	 空运行	在空运行工作方式下，机床以系统最大快移速度运行程序。使用时注意坐标系间的相互关系，避免发生碰撞
程序跳段	 程序跳段	跳过某行不执行程序段，配合“/”字符使用
选择停	 选择停	程序运行停止，配合“M01”辅助功能使用
MST 锁住	 MST MST锁住	该功能用于禁止 M，S，T 辅助功能。在只需要机床进给轴运行的情况下，可以使用“MST 锁住”功能
机床锁住	 机床锁住	禁止机床所有运动
手动换刀	 手动换刀	在手动或者增量方式下，按一下手动换刀按键，转塔刀架转动一个刀位
主轴正转	 主轴正转	在手动或者增量方式下，按一下主轴正转按键，主轴电机以机床参数设定的转速正转
主轴停止	 主轴停止	按主轴停止键，主轴电机停止运转
主轴反转	 主轴反转	在手动或者增量方式下，按一下主轴反转按键，主轴电机以机床参数设定的转速反转

（三）手持单元

手持单元由手摇脉冲发生器、坐标轴选择开关组成，用于手摇方式增量进给坐标轴。手持单元的结构如图 4-4 所示。

图 4-4　手持单元

（四）系统操作界面

HNC-818 数控系统的操作界面如图 4-5 所示。

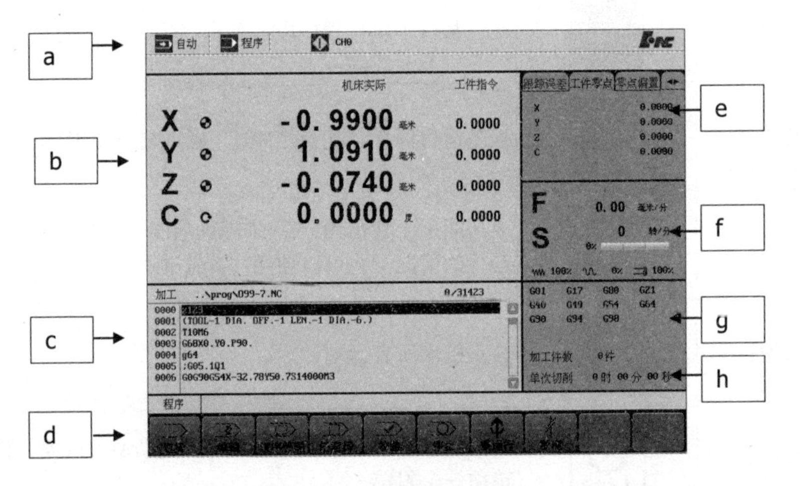

图 4-5　系统操作界面

图 4-5 中字母 a ~ h 含义解释如下：

a——标题栏。

①主菜单名：显示当前激活的主菜单按键；

②工位信息：显示当前工位号；

③加工方式：系统工作方式根据机床控制面板上相应按键的状态可在自动（运行）、单段（运行）、手动（运行）、增量（运行）、回零、急停之间切换；

④通道信息：显示每个通道“运行正常”“进给暂停”或“出错”的工作状态；

⑤系统时间：当前系统时间（机床参数里可选）；

⑥系统报警信息。

b——图形显示窗口。这块区域显示的画面，根据所选菜单键的不同而不同。

c——G 代码显示区。预览或显示加工程序的代码。

d——菜单命令条。通过菜单命令条中对应的功能键完成系统功能的操作。

e——标签页。用户可以通过切换标签页查看不同的坐标系类型。

f——辅助机能。自动加工中的 F、S 信息以及修调信息。

g——G 模态。显示加工过程中的 G 模态。

h——加工时间。显示系统本次加工的时间。

三、系统上电、关机及安全操作

（一）系统上电

系统上电操作步骤：

（1）检查机床状态是否正常；

（2）检查电源电压是否符合要求，接线是否正确；

（3）按下“急停”按钮；

（4）机床上电；

（5）数控上电；

（6）检查面板上的指示灯是否正常；

（7）接通数控装置电源后，系统自动运行。此时，工作方式为“急停”。

（二）复位

系统上电进入系统操作界面时，初始工作方式显示为“急停”。为控制系统运行，需右旋并拔起操作台右下角的“急停”按钮使系统复位，并接通伺服电源。系统默认进入“回参考点”方式，系统操作界面的工作方式变为“回零”。

（三）急停操作

机床运行过程中，在危险或紧急情况下，按下“急停”按钮，数控系统即进入急停状态，伺服进给及主轴运转立即停止工作（控制柜内的进给驱动电源被切断）；松开“急停”按钮（右旋此按钮，自动跳起），系统进入复位状态。

解除急停前，应先确认故障原因是否已经排除，而急停解除后，应重新执行“回参考点”操作，以确保坐标位置的正确性。

注意：在上电和关机之前应按下“急停”按钮以减少设备电冲击。

（四）电源关

机床关机操作步骤如下：

（1）检查 CNC 机床的移动部件是否都已经停止移动并停在合适的位置；

（2）按下控制面板上的“急停”按钮，断开伺服电源；

（3）断开数控电源；

（4）断开机床电源。

四、机床手动操作

（一）坐标轴移动

手动移动机床坐标轴的操作由手持单元和机床控制面板上的方式选择、轴手动、增量倍率、进给修调、快速修调等按键共同完成。

1.手动进给

	按一下“手动”按键（指示灯亮），系统处于手动运行方式，可点动移动机床坐标轴（下面以点动移动 X 轴为例说明）： （1）按下“X”按键以及方向键（指示灯亮），X 轴将产生正向或负向连续移动； （2）松开“X”按键以及方向键（指示灯灭），X 轴即减速停止。 用同样的操作方法，使用“Z”按键可使 Z 轴产生正向或负向连续移动。 在手动运行方式下，同时按压 X，Y，Z 方向的轴手动按键，能同时手动控制 X，Y，Z 坐标轴连续移动。

2.手动快速移动

	在手动进给时，若同时按压“快进”按键，则产生相应轴的正向或负向快速运动。

3.进给修调

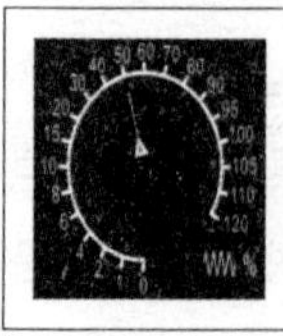	在自动方式或 MDI 运行方式下，当 F 代码编程的进给速度偏高或偏低时，可旋转进给修调波段开关，修调程序中编制的进给速度。修调范围为 0% ~ 120%。 在手动连续进给方式下，此波段开关可调节手动进给速率。

4. 快移修调

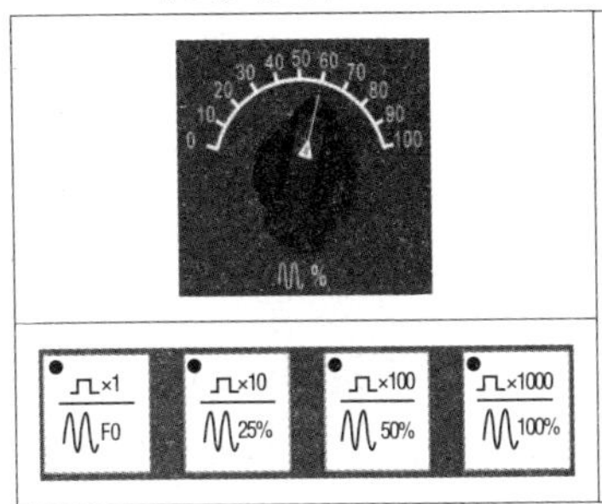

根据控制面板的不同，快移修调的操作方法不同。

（1）修调波段开关：在自动方式或 MDI 运行方式下，旋转快移修调波段开关，修调程序中编制的快移速度。修调范围为 0% ～ 100%。

（2）修调倍率按钮：在自动方式或 MDI 运行方式下，按下相应的快移修调倍率按钮。

5. 增量进给

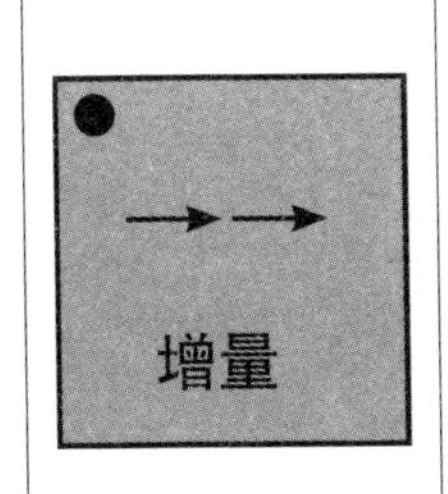

按一下控制面板上的“增量”按键（指示灯亮），系统处于增量进给方式，可增量移动机床坐标轴（下面以增量进给 *X* 轴为例说明）：

（1）按一下“X”键以及方向键（指示灯亮），*X* 轴将向正向或负向移动一个增量值；

（2）再按一下“X”键以及方向键，*X* 轴将向正向或负向继续移动一个增量值；

（3）用同样的操作方法，使用“Y”“Z”按键可使 *Y* 轴和 *Z* 轴向正向或负向移动一个增量值。

同时按一下 *X*，*Y*，*Z* 方向的轴手动按键，能同时增量进给 *X*，*Y*，*Z* 坐标轴。

6. 增量值选择

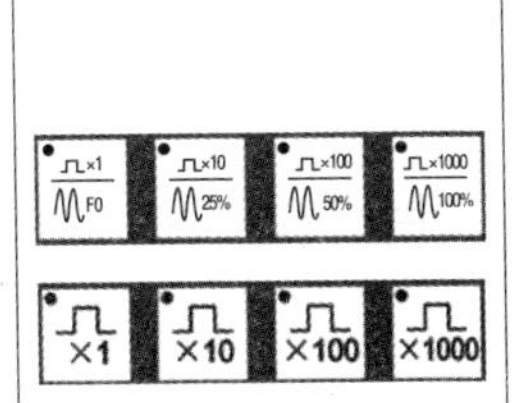

不同的控制面板，增量值的按键不同：

增量进给的增量值由机床控制面板的“×1”“×10”“×100”“×1 000”四个增量倍率按键控制。增量倍率按键和增量值的对应关系如表 4-3 所示。

表 4-3 增量倍率按键和增量值得对应关系

增量倍率按键	×1	×10	×100	×1 000
增量值 /mm	0.001	0.01	0.1	1

注意：这几个按键互锁，即按下其中一个（指示灯亮），其余几个会失效（指示灯灭）。

7. 手摇进给

当手持单元的坐标轴选择波段开关置于“X”“Y”“Z”“4TH”挡时，按一下控制面板上的“增量”按键（指示灯亮），系统处于手摇进给方式，可手摇进给机床坐标轴。

以 X 轴手摇进给为例：

（1）手持单元的坐标轴选择波段开关置于“X”挡；

（2）顺时针 / 逆时针旋转手摇脉冲发生器一格，可控制 X 轴向正向或负向移动一个增量值。

8. 手摇倍率选择

手摇进给的增量值（手摇脉冲发生器每转一格的移动量）由手持单元的增量倍率波段开关“×1”“×10”“×100”控制。增量倍率波段开关的位置和增量值的对应关系如表 4-4 所示。

表 4-4　增量倍率波段开关的位置和增量值的对应关系

位　置	×1	×10	×100
增量值 /mm	0.001	0.01	0.1

（二）主轴控制

主轴手动控制由机床控制面板上的主轴手动控制按键完成。

1. 主轴正转

在手动 / 增量 / 手摇方式下，按一下“主轴正转”按键（指示灯亮），主轴电机以机床参数设定的转速正转。

2. 主轴反转

在手动 / 增量 / 手摇方式下，按一下“主轴反转”按键（指示灯亮），主轴电机以机床参数设定的转速反转。

3. 主轴停止

在手动 / 增量 / 手摇方式下，按一下“主轴停止”按键（指示灯亮），主轴电机停止运转。

4. 主轴点动

在手动方式下，可用“主轴点动”按键点动转动主轴：按压“主轴点动”按键（指示灯亮），主轴将产生正向连续转动；松开“主轴点动”按键（指示灯灭），主轴即减速停止。

5. 主轴速度修调

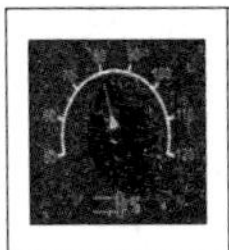	主轴正转及反转的速度可通过主轴修调调节： 旋转主轴修调波段开关，倍率的范围为 50% 和 120% 之间；机械齿轮换挡时，主轴速度不能修调。

6. 主轴定向

	如果机床上有换刀机构，通常就需要主轴定向功能，这是因为换刀时主轴上的刀具必须定位完成，否则会损坏刀具或刀爪。 在手动方式下，当“主轴制动”无效时（指示灯灭），按一下“主轴定向”按键，主轴立即执行主轴定向功能，定向完成后，按键内指示灯亮，主轴准确停止在某一固定位置。

7. 主轴制动

	在手动方式下，主轴处于停止状态时，按一下“主轴制动”按键（指示灯亮），主轴电机被锁定在当前位置。

（三）机床锁住和 Z 轴锁住

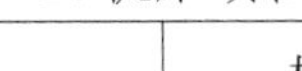

1. 机床锁住

	机床锁住用于禁止机床所有运动。 在手动运行方式下，按一下“机床锁住”按键（指示灯亮），此时再进行手动操作，显示屏上的坐标轴位置信息变化，但不输出伺服轴的移动指令，所以机床停止不动。 注意：“机床锁住”按键只在手动方式下有效，在自动方式下无效。

2. Z 轴锁住

	该功能用于禁止进刀。在只需要校验 *XY* 平面的机床运动轨迹时，我们可以使用“Z 轴锁住”功能。在手动方式下，按一下“Z 轴锁住”按键（指示灯亮），再切换到自动方式运行加工程序，*Z* 轴坐标位置信息变化，但 *Z* 轴不进行实际运动。 注意：“Z 轴锁住”键在自动方式下按压无效。

（四）其他手动操作

1. 冷却启动与停止

	在手动方式下，按一下“冷却”按键，冷却液开（默认值为冷却液关），再按一下为冷却液关，如此循环。

2. 润滑启动与停止

在手动方式下，按一下“润滑”按键，机床润滑开（默认值为机床润滑关），再按一下为机床润滑关，如此循环。

3. 防护门开启与关闭

在手动方式下，按一下“防护门”按键，防护门打开（默认值为防护门关闭），再按一下为防护门关闭，如此循环。

4. 工作灯

在手动方式下，按一下“工作灯”或“机床照明”按键，打开工作灯（默认值为关闭）；再按一下为关闭工作灯。

5. 自动断电

在手动方式下，按一下“自动断电”，当程序出现 M30 时，在定时器定时结束后机床自动断电。

6. 排屑正转

在手动方式下，按一下“排屑正转”按键，排屑器“向前”转动，能将机床中的切屑排出。

7. 排屑停止

在手动方式下，按一下“排屑停止”按键，排屑器停止转动。

8. 排屑反转

在手动方式下，按一下“排屑反转”按键，排屑器反转，能有利于清除排屑器中的堵塞物和切屑。

9. 换刀允许

	在手动方式下，按一下“换刀允许”按键（指示灯亮），允许刀具松 / 紧操作，再按一下又为不允许刀具松 / 紧操作（指示灯灭），如此循环。

10. 刀具松紧

	在“换刀允许”有效时（指示灯亮），按一下“刀具松 / 紧”按键，松开刀具（默认值为夹紧），再按一下又为夹紧刀具，如此循环。

11. 吹屑启动与停止

	在手动方式下，按一下“吹屑”按键（指示灯亮），启动吹屑；再按一下“吹屑”按键（指示灯灭），吹屑停止，如此循环。

12. 刀库正转与反转

 	在手动方式下，按一下“刀库正转”按键，刀库以设定的转速正转；按一下“刀库反转”按键，刀库以设定的转速反转。 注意：“刀库正转”“刀库反转”这两个按键互锁，即按下其中一个（指示灯亮），其余键会失效（指示灯灭）。

（五）手动数据输入（MDI）运行

按 MDI 主菜单键进入 MDI 功能，用户可以从 NC 键盘输入并执行一行或多行 G 代码指令段，如图 4-6 所示。

注意：

（1）系统进入 MDI 状态后，标题栏出现“MDI 状态”图标；

（2）用户从 MDI 切换到非程序界面时仍处于 MDI 状态；

（3）自动运行过程中，不能进入 MDI 方式，可在进给保持后进入；

（4）MDI 状态下，用户按“复位”键，系统则停止并清除 MDI 程序。

1. 输入 MDI 指令段

MDI 输入的最小单位是一个有效指令字。因此，输入一个 MDI 运行指令段可以有下述两种方法：

（1）一次输入，即一次输入多个指令字的信息。

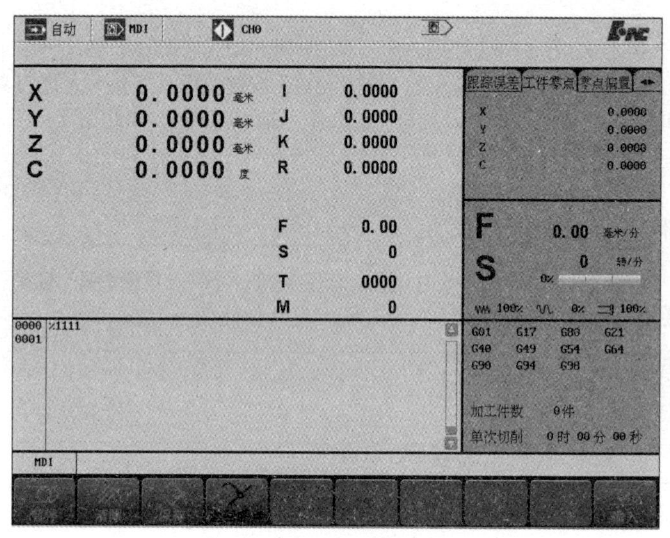

图 4–6 MDI 菜单

（2）多次输入，即每次输入一个指令字信息。

例如：要输入“G00 X100 Z1000”MDI 运行指令段，可以：

①直接输入“G00 X100 Z1000”；

②按“输入”键，则显示窗口内关键字 X，Z 的值将分别变为 100，1 000。

在输入命令时，可以看见输入的内容，如果发现输入错误，可用“BS”“▶”和“◀”键进行编辑；按“输入”键后，系统发现输入错误，会提示相应的错误信息，此时可按“清除”键将输入的数据清除。

2. 运行 MDI 指令段

在“自动”工作方式下，输入完一个 MDI 指令段后，按一下操作面板上的“循环启动”键，系统即开始运行所输入的 MDI 指令。

如果输入的 MDI 指令信息不完整或存在语法错误，系统会提示相应的错误信息，此时不能运行 MDI 指令。

3. 修改某一字段的值

在运行 MDI 指令段之前，如果要修改输入的某一指令字，可直接在命令行上修改相应的指令字符及数值。例如：在输入“X100”后，希望 X 值变为 109，可在命令行上修改“100”。

4. 清除当前输入的所有尺寸字数据

在输入 MDI 数据后，按“清除”对应功能键，可清除当前输入的所有尺寸字数据（其他指令字依然有效），显示窗口内 X，Z，I，K，R 等字符后面的数据全部消失。此时可重新输入新的数据。

5. 停止当前正在运行的 MDI 指令

在系统正在运行 MDI 指令时，按“停止”对应功能键可停止 MDI 运行。

6. 保存当前输入的 MDI 指令

操作者可以按“保存”键，将已输入的 G 代码指令保存为加工程序。

7. 在 MDI 方式下使主轴旋转

在 MDI 方式下使主轴旋转具体操作步骤如下：

（1）按“MDI 主菜单键”进入 MDI 功能；

（2）通过机床编辑面板输入 M03 S800；

（3）再按下“输入”键，则显示窗口内关键字 S 的值变为 800；

（4）选择自动运行模式，再按下“循环启动”键完成主轴正转。

五、加工中心设置

（一）刀补数据

1. 刀库

（1）按“刀补→刀库”对应功能键，图形显示窗口出现刀库数据表，可进行刀库数据设置，如图 4-7 所示。

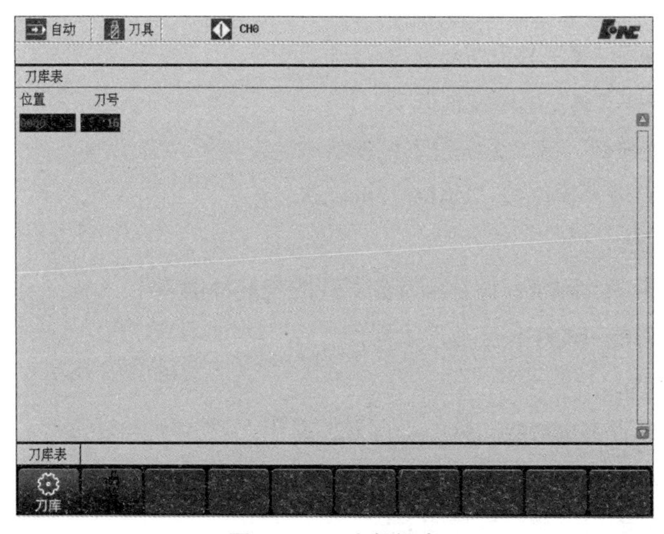

图 4-7　刀库数据表

（2）用“▲”“▼”移动光标选择要编辑的选项；

（3）按“Enter”键，系统进入编辑状态；

（4）修改完毕，再次按“Enter”键确认。

2. 刀补

刀补数据输入：

（1）按“刀补”主菜单键，图形显示窗口出现刀补数据表，如图 4-8 所示。

自动 刀具 CH0

刀号	长度	半径	长度磨损	半径磨损
1	0.0000	0.0000	0.0000	0.0000
2	0.0000	0.5000	0.0000	0.0000
3	0.0000	0.0000	0.0000	0.0000
4	0.0000	0.0000	0.0000	0.0000
5	0.0000	0.0000	0.0000	0.0000
6	0.0000	0.0000	0.0000	0.0000
7	0.0000	0.0000	0.0000	0.0000
8	0.0000	0.0000	0.0000	0.0000
9	0.0000	0.0000	0.0000	0.0000
10	0.0000	0.0000	0.0000	0.0000

	机床实际	相对实际	工件实际
X	-0.9900	-0.9900	-0.9900
Y	1.0910	1.0910	1.0910
Z	-0.0740	-0.0740	-0.0740
C	0.0000	0.0000	0.0000

刀补表

刀库 刀补 当前位置 增量输入

图 4-8　刀补数据表

（2）用“▲”“▼”移动光标选择刀号。

（3）用“▶”“◀”选择编辑选项。

（4）按“Enter”键，系统进入编辑状态。

（5）修改完毕，再次按“Enter”键确认。

3. 当前位置

读入 *Z* 轴机床实际坐标值并保存到对应的长度补偿表中。

注意：该功能只能在长度补偿上操作。

4. 增量输入

对刀补数据表中相对应的数值进行累加操作。

（二）坐标系的设置

坐标系数据的设置操作步骤如下：

（1）按“设置”主菜单功能键，进入手动建立工件坐标系的方式，如图 4-9 所示。

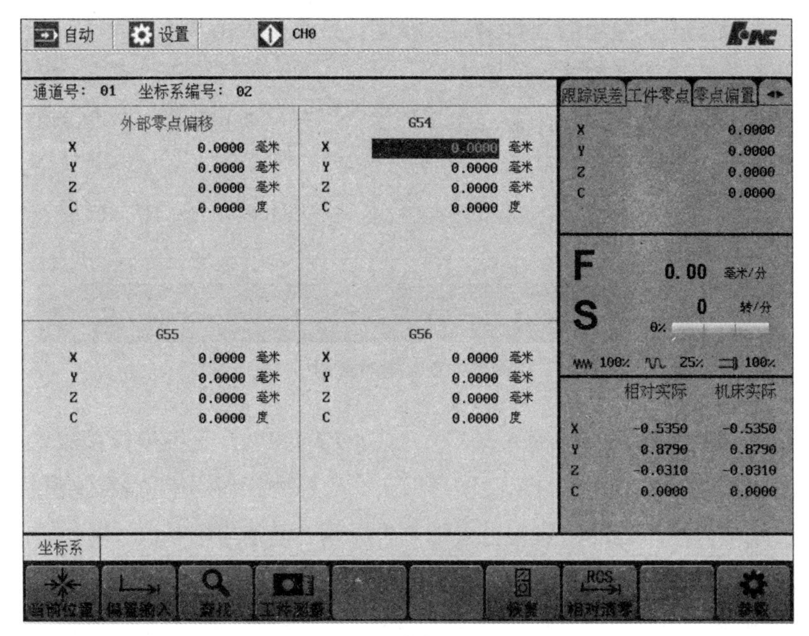

图 4-9　坐标系设置

（2）通过“PgDn”“PgUp”键选择要输入的工件坐标系 G54、G55、G56、G57、G58、G59、工件（坐标系零点相对于机床零点的值）、相对（当前相对值零点）、G54.1 ～ G54.60。

（3）操作者也可以通过按“查找”按钮，查找特定工件坐标系类型；现在工件坐标系设置的查找的输入主要有两种输入格式：

① P*x* 表示扩展坐标系 *x*。例如，P39，则查找到的为 G54.39 扩展工件坐标系。

② *x* 表示坐标系编号。例如，2，则查找到的为 G54。

（4）输入所选坐标系的位置信息，操作者可以采用以下任何一种方式实现：

①在编辑框直接输入所需数据。

②通过按“当前位置”“偏置输入”“恢复”按钮，输入数据：

a. 当前位置：系统读取当前刀具位置。

b. 偏置输入：如果用户输入“+0.001”，则所选轴的坐标系位置为当前位置加上输入的数据；如果用户输入“−0.001”，则所选轴的坐标系位置为当前位置减去输入的数据。

c. 恢复：还原上一次设定的值。

③通过按“工件测量→坐标设定”“工件测量→坐标系”按钮，系统读取刀具的

当前位置，然后按“工件测量→G54.X”按钮，系统计算两点（记录Ⅰ、记录Ⅱ）的中点，将此点作为坐标系的原点位置。

（5）若输入正确，图形显示窗口相应位置将显示修改过的值，否则原值不变。

（三）相对清零

为方便对刀，按“设置→相对清零”按钮，进入如图 4-10 所示界面。

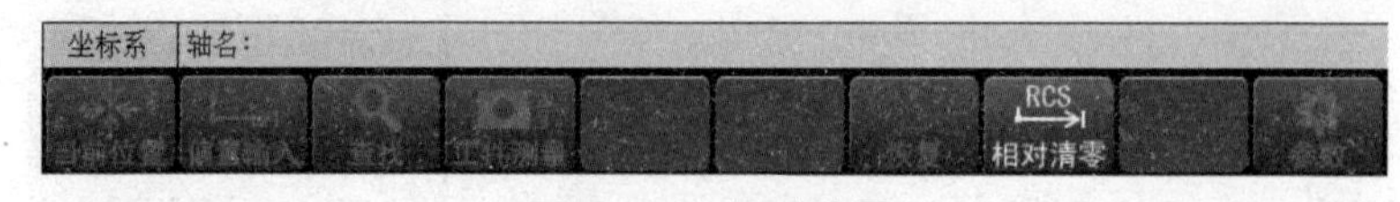

图 4-10　相对清零

在该界面下输入轴名，如输入“X”，则对 X 轴清零，系统坐标系改为相对坐标系，相应的坐标值变为 0。此时手动移动机床，坐标为相对当前位置的变化。当退出该界面时，系统坐标系自动恢复为进入相对坐标系之前的坐标系。

（四）程序编辑与管理

1. 程序编辑

（1）程序类型

按程序来源分类，程序分为内存程序与交换区程序。

①内存程序：程序一次性载入内存中，选中执行时直接从内存中读取；

②交换区程序：程序选中执行时将其载入交换区，从而支持超大程序的运行。

内存程序最大行数为 120 000 行，超过该行数限制的程序将被识别为交换区程序。如果程序内存已满，则即使程序总行数小于 120 000 行也将被识别为交换区程序。

如果程序内存已满，则不允许前台新建程序，后台新建程序将被识别为交换区程序。

注意：

①由于系统交换区只有 1 个，因此在多通道系统中同一时刻只允许运行一个交换区程序；

②交换区程序不允许进行前台编辑；

③ U 盘程序类型只能是交换区程序。

（2）程序选择

在程序主菜单下按“选择”对应功能键，将出现如图 4-11 所示的界面。

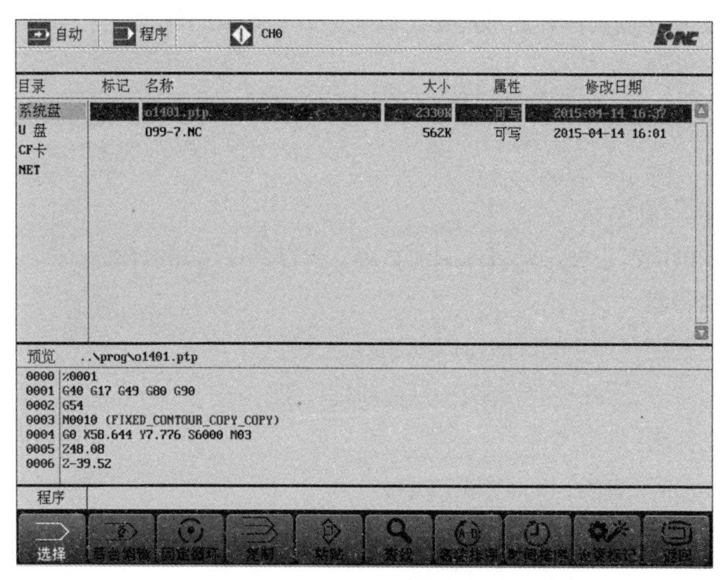

图 4-11　程序选择

选择文件的操作方法如下：

①如图 4-11 所示，用“▲”和“▼”选择存储器类型（系统盘、U 盘、CF 卡），也可用“Enter”键查看所选存储器的子目录；

②用光标键“►”切换至程序文件列表；

③用“▲”和“▼”选择程序文件；

④按“Enter”键，即可将该程序文件选中并调入加工缓冲区；

⑤如果被选程序文件是只读 G 代码文件，则有 [R] 标识。

注意事项：

①如果用户没有选择，系统指向上次存放在加工缓冲区的一个加工程序；

②程序文件名一般是由字母“O”开头，后跟四个（或多个）数字或字母组成，系统缺省认为程序文件名是由 O 开头的；

③ HNC-818 系统支持的文件名长度为 8+3 格式：文件名由 1 ～ 8 个字母或数字组成，再加上扩展名（0 ～ 3 个字母或数字组成），如“MyPart.001”“O1234”等。

（3）U 盘的加载与卸载

①使用光标键选择目录“U 盘”标识符；

②按“确认”键加载 U 盘；

③按“删除”键卸载 U 盘。

注意：拔掉 U 盘前应先卸载操作，以免造成不必要的问题。

（4）后台编辑

后台编辑就是在系统进行加工操作的同时，用户也可以对其他程序文件进行编辑工作。

①选择加工程序；

②按“后台编辑”键，则进入编辑状态，具体操作与编辑相仿。

（5）后台新建

后台新建就是在加工的同时可以创建新的文件。

①按“程序→选择→后台编辑→后台新建”键；

②输入文件名；

③按“Enter”键后，即可编辑文件。

（6）固定循环

①按“程序→选择→固定循环”键，系统显示固定循环文件；

②使用光标键选择文件；

③按“Enter”键，确认载入文件。

注意：此功能只限于机床厂家、数控厂家以及管理员。

（7）复制与粘贴文件

使用复制粘贴功能，可以将某个文件拷贝到指定路径。

①在“程序→选择”子菜单下，选择需要复制的文件；

②按“复制”对应功能键；

③选择目的文件夹（注意：必须是不同的目录）；

④按“粘贴”对应功能键，完成拷贝文件的工作。

（8）查找文件

查找文件就是根据输入的文件名查找相应的文件。

①按“程序→选择→查找”键；

②输入搜索的文件名，再按“Enter”键，系统高亮显示文件。

（9）名称排序

按“程序→选择→名称排序”键，则文件列表按名称排序。

（10）时间排序

按“程序→选择→时间排序”键，则文件列表按时间排序。

（11）设置标记

按“程序→选择→设置标记”键，则所选择程序会标记“选中”，可以对所标记的程序批量操作。

（12）程序编辑

①编辑文件。

a. 系统加工缓冲区已存在程序，用户按“程序→编辑”对应功能键即可编辑当前载入的文件。

b. 系统加工缓冲区不存在程序，用户按“程序→编辑”对应功能键，系统自动新建一个文件，用户按“Enter”键后，即可编写新建的加工程序。

注意：用户对文件进行编辑操作后，就必须重运行文件。

②新建文件。

a. 按“程序→编辑→新建”对应功能键；

b. 输入文件名，按“Enter”键确认后，就可编辑新文件了。

注意：

a. 新建程序文件的缺省目录为系统盘的 prog 目录；

b. 新建文件名不能和已存在的文件名相同。

③保存文件。

按“程序→编辑→保存”对应功能键，系统则完成保存文件的工作。

注意：程序为只读文件时，按“保存”键后，系统会提示“保存文件失败”，此时只能使用“另存为”功能。

④另存文件。

a. 按“程序→编辑→另存为”对应功能键；

b. 使用光标键选择存放的目标文件夹；

c. 按“▶”键，切换到输入框，输入文件名；

d. 按“Enter”键，用户则可继续进行编辑文件的操作。

（13）块操作

①按“程序→编辑→块操作”对应功能键；

②选择程序编辑的快捷键操作。

（14）查找字符串

根据输入的字符串，查找相应的关键字。

①按“程序→编辑→查找”键；

②输入搜索的关键字，再按“Enter”键，系统高亮显示关键字；

③再按“向下查找”或者“向上查找”按键，系统显示搜索的下一个关键字或者上一个关键字。

（15）替换

①按“程序→编辑→替换”键，用户输入被替换的字符串。

②按“Enter”键，以确认输入。

③再输入用来替换的字符串。

④按“Enter”键，系统询问是否将当前光标所在的字符串替换：用户按“Y”键，则替换当前字符串；用户按“N”键，则取消替换的操作。

⑤如还需要继续替换可选择“向下替换”“向上替换”“全部替换”按键。

（16）改变文件属性

①将文件载入系统加工缓冲区。

②按“程序→编辑→编辑允许”或“程序→编辑→编辑禁止”对应功能键。

a. 编辑禁止：只能查看加工程序代码，不能对程序进行修改；

b. 编辑允许：可以对加工程序进行编辑操作。

注意：此功能只限于机床厂家、数控厂家以及管理员。

2. 程序管理

（1）查找文件

根据输入的文件名，查找相应的文件。

①按“程序→程序管理→查找”键；

②输入搜索的文件名，再按“Enter”键，系统高亮显示文件。

（2）删除文件

①按“程序→程序管理”，用“▲”和“▼”键移动光标条选中要删除的程序文件。

②按“删除”对应功能键，按“Y”键（或“Enter”键）将选中程序文件从当前存储器上删除；按“N”键则取消删除操作。

注意：删除的程序文件不可恢复。

（3）复制与粘贴文件

使用复制粘贴功能，可以将某个文件拷贝到指定路径。

①在“程序→选择”子菜单下选择需要复制的文件；

②按“复制”对应功能键；

③选择目的文件夹（注意：必须是不同的目录）；

④按“粘贴”对应功能键，完成拷贝文件的工作。

（4）文件排序

文件可以按时间 / 名称进行排序。

①按“程序→程序管理→名称排序”键，则文件列表按名称排序；

②按“程序→程序管理→时间排序”键，则文件列表按时间排序。

（5）更改文件名

①按“程序→程序管理→重命名”键；

②在编辑框中，输入新的文件名；

③按“Enter”键以确认操作。

注意：用户不能修改正在加工的程序的文件名。

（6）新建目录

按“程序→程序管理→新建目录”键，则新建一个文件夹。

3. 程序行操作

（1）指定行号

①按机床控制面板上的“进给保持”按键（指示灯亮），系统处于进给保持状态；

②按“程序→任意行→指定行号”对应功能键，系统给出如图 4-12 所示的编辑框，输入开始运行行的行号；

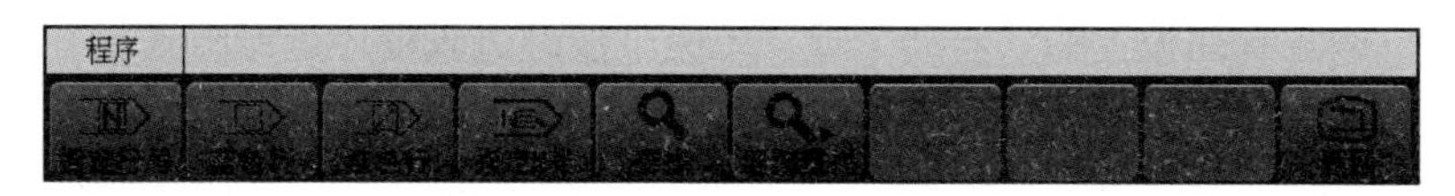

图 4-12　任意行显示

③按“Enter”键确认操作；

④按机床控制面板上“循环启动”键，程序从指定行号开始运行。

（2）蓝色行

①按机床控制面板上的“进给保持”按键（指示灯亮），系统处于进给保持状态；

②按“程序→任意行→蓝色行”对应功能键；

③按机床控制面板上“循环启动”键，程序从当前行开始运行。

（3）红色行

①按机床控制面板上的“进给保持”按键（指示灯亮），系统处于进给保持状态；

②用“▲”“▼”“PgUp”和“PgDn”键移动光标（红色）到要开始的运行行；

③按“程序→任意行→红色行”对应功能键；

④按机床控制面板上“循环启动”键，程序从红色行开始运行。

注意：对于上述的任意行操作，用户不能将光标指定在子程序部分，否则后果自负。

（4）指定 N 号

①按机床控制面板上的“进给保持”按键（指示灯亮），系统处于进给保持状态；

②按“程序→任意行→指定 N 号”对应功能键；

③按机床控制面板上“循环启动”键，程序从当前行行号开始运行。

（5）查找

通过查找关键字，指定系统从关键字所在行运行。

①按“程序→任意行→查找”对应功能键；

②输入关键字，按“Enter”键，系统高亮显示搜索的字符串；

③用户可以按“继续查找”，搜索下一个字符串；

④再次按“Enter”键，系统光标指向关键字所在的行；

⑤按机床控制面板上“循环启动”键，程序从指定行号开始运行。

4. 程序运行控制

（1）程序校验

程序校验用于对调入加工缓冲区的程序文件进行校验，并提示可能的错误。

①调入要校验的加工程序（程序→选择）。

②按机床控制面板上的“自动”或“单段”按键进入程序运行方式。

③在程序菜单下，按“校验”对应功能键，此时系统操作界面的工作方式显示改为“自动校验”。

④按机床控制面板上的“循环启动”按键，程序校验开始。

⑤若程序正确，校验完后，光标将返回到程序头，且系统操作界面的工作方式显示改为“自动”或“单段”；若程序有错，命令行将提示程序的哪一行有错。

建议：对于未在机床上运行的新程序，在调入后最好先进行校验运行，正确无误后再启动自动运行。

注意：

①校验运行时，机床不动作；

②为确保加工程序正确无误，请选择不同的图形显示方式来观察校验运行的结果。

（2）停止运行

在程序运行的过程中，需要暂停运行：

①按“程序→停止”对应功能键，系统提示“已暂停加工，取消当前运行程序

（Y/N）？”；

②如果用户按“N”键则暂停程序运行，并保留当前运行程序的模态信息（暂停运行后，可按循环启动键从暂停处重新启动运行）；

③如果用户按“Y”键则停止程序运行，并卸载当前运行程序的模态信息（停止运行后，只有选择程序后，重新启动运行）。

（3）重运行

在中止当前加工程序后，希望程序重新开始运行：

①按“程序→重运行”对应功能键，系统提示“是否重新开始执行（Y/N）？”；

②如果按“N”键则取消重新运行；

③如果按“Y”键则光标将返回到程序头，再按机床控制面板上的“循环启动”按键，从程序首行开始重新运行。

（4）启动、暂停、中止

①启动自动运行。系统调入零件加工程序，经校验无误后，可正式启动运行：

a. 按一下机床控制面板上的“自动”按键（指示灯亮），进入程序运行方式；

b. 按一下机床控制面板上的“循环启动”按键（指示灯亮），机床开始自动运行调入的零件加工程序。

②暂停运行。在程序运行的过程中，需要暂停运行，可按下述步骤操作：

a. 在程序运行的任何位置，按一下机床控制面板上的“进给保持”按键（指示灯亮），系统处于进给保持状态；

b. 再按机床控制面板上的“循环启动”按键（指示灯亮），机床又开始自动运行载入的零件加工程序。

③中止运行。在程序运行的过程中，需要中止运行，可按下述步骤操作：

a. 在程序运行的任何位置，按一下机床控制面板上的“进给保持”按键（指示灯亮），系统处于进给保持状态；

b. 按下机床控制面板上的“手动”键，将机床的 M，S 功能关掉；

c. 此时如要退出系统，可按下机床控制面板上的“急停”键，中止程序的运行；

d. 此时如要中止当前程序的运行，又不退出系统，可按下“程序→重运行”对应功能键，重新装入程序。

（5）空运行

按一下机床控制面板上的“空运行”按键（指示灯亮），CNC 处于空运行状态。程序中编制的进给速率被忽略，坐标轴以最大快移速度移动。

注意：

①空运行不做实际切削，目的在于确认切削路径及程序。

②在实际切削时，应关闭此功能，否则可能会造成危险。

③此功能对螺纹切削无效。

④只允许在非自动和非单段方式下才能激活空运行。

（6）程序跳段

如果在程序中使用了跳段符号“/”，当按下该键后，程序运行到有该符号标定的程序段，即跳过不执行该段程序；解除该键，则跳段功能无效。

（7）选择停

如果程序中使用了 M01 辅助指令，按下该键后，程序运行到 M01 指令即停止，再按“循环启动”键，程序段继续运行；解除该键，则 M01 辅助指令功能无效。

（8）单段运行

按一下机床控制面板上的“单段”按键（指示灯亮），系统处于单段自动运行方式，程序控制将逐段执行：

①按一下“循环启动”按键，运行一程序段，机床运动轴减速停止，刀具停止运行；

②再按一下“循环启动”按键，又执行下一程序段，执行完了后又再次停止。

5. 运行时干预

（1）进给速度修调。

	在自动方式或 MDI 运行方式下，当 F 代码编程的进给速度偏高或偏低时，可旋转进给修调波段开关，修调程序中编制的进给速度。修调范围为 0% ～ 120%。 在手动连续进给方式下，此波段开关可调节手动进给速率。

（2）快移速度修调。

	根据不同的控制面板，有两种快移修调方式： ①在自动方式或 MDI 运行方式下，旋转快移修调波段开关，修调程序中编制的快移速度。修调范围为 0% ～ 100%。 ②在自动方式或 MDI 运行方式下，按下相应的快移修调倍率按钮。
×1000 100%	

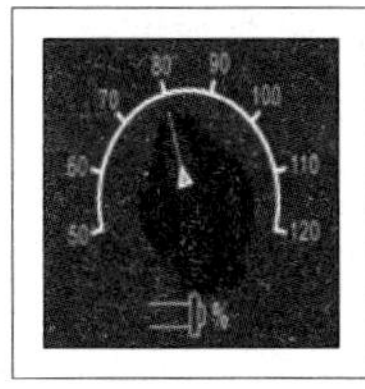	主轴正转及反转的速度可通过主轴修调调节： 旋转主轴修调波段开关，倍率的范围为 50% 和 120% 之间；机械齿轮换挡时，主轴速度不能修调。

（3）主轴修调。

（4）机床锁住。

	禁止机床坐标轴动作。 在手动方式下按一下“机床锁住”按键（指示灯亮），此时在自动方式下运行程序，可模拟程序运行，显示屏上的坐标轴位置信息变化，但不输出伺服轴的移动指令，所以机床停止不动。这个功能用于校验程序。 注意： ①即便是 G28，G29 功能，刀具也不运动到参考点； ②在自动运行过程中，按“机床锁住”按键，机床锁住无效； ③在自动运行过程中，只在运行结束时，方可解除机床锁住； ④每次执行此功能后，须再次进行回参考点操作。

6. 位置信息

（1）坐标显示

在程序运行过程中，按“位置→坐标”键，可查看当前加工程序在不同示值类型的位置信息，如图 4-13 所示。

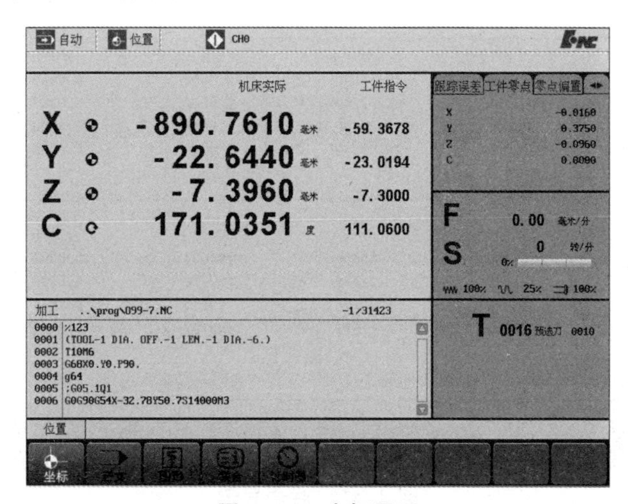

图 4-13 坐标显示

注意：用户可以使用“设置→参数→显示参数”按键，选择显示的示值类型。

（2）正文显示

在程序运行过程中，按“位置→正文”键，可查看程序运行时的G代码、坐标系信息、M指令及进给速度F等，如图4-14所示。

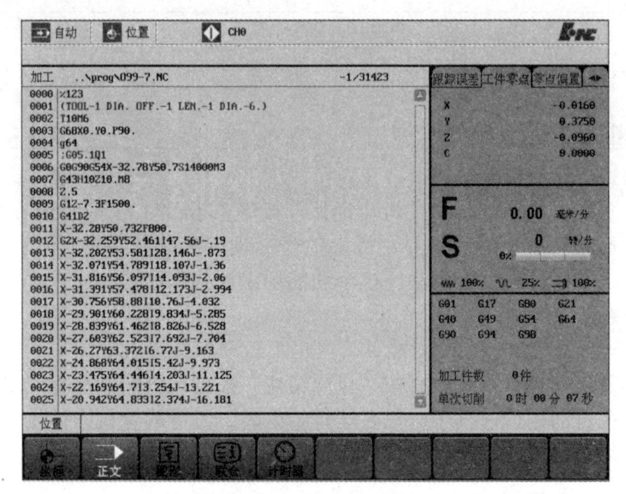

图4-14　正文显示

（3）联合显示

在程序运行过程中，按“位置→联合”键，显示八种位置信息，如图4-15所示。

	工件指令		机床实际		剩余进给		跟踪误差
X	-50.8380	X	-761.4010	X	0.0000	X	0.0000
Y	-32.7799	Y	-32.7200	Y	0.0000	Y	0.0000
Z	20.0000	Z	19.5140	Z	0.0000	Z	0.0000
C	50.9600	C	297.8613	C	0.0000	C	0.0000
	负载电流		指令脉冲		电机位置		工件零点
X	0.000	X	-50854	X	-761401	X	0.0000
Y	0.000	Y	-32779	Y	-32720	Y	0.0000
Z	0.000	Z	20000	Z	19514	Z	0.0000
C	0.000	C	579	C	148797	C	0.0000

图4-15　联合显示

（五）梯图监控

1. 梯图诊断

（1）按“诊断→梯图监控→梯图诊断”键，即可查看每个变量的值；

（2）默认情况下，系统显示的值以“十进制”表示，用户可以按“十六进制”对应的功能键，则系统显示的值以“十六进制”表示；

（3）使用光标键选择元件；

（4）按“禁止”或“允许”对应的功能键，屏蔽或激活元件；

（5）按“恢复”对应的功能键，可撤销上述屏蔽或激活元件的操作。

2. 查找

（1）按“诊断→梯图监控→查找”键；

（2）输入元件名，按“Enter”键，即可查找元件；

（3）可以按“向上查找”或“向下查找”键，系统即可向上或向下查找到同名的元件。

3. 修改

此功能仅限于机床用户、数控厂家以及管理员。

（1）按“诊断→梯图监控→修改”键；

（2）使用光标键选择元件，按“Enter”键，系统则进入编辑状态；

（3）用户可以在编辑框输入元件值；

（4）再次按“Enter”键，完成编辑操作；

（5）用户也可按“修改”菜单对应的功能键，进行新建元件的操作。

· 直线：插入直线；

· 竖线：插入竖线；

· 删除元件：删除元件；

· 删除竖线：删除竖线；

· 常开：常开触点；

· 常闭：常闭触点；

· 逻辑输出；

· 取反输出；

· 功能模块（用户可以按元件的首写字母直接选择元件）。

注意：关于元件的具体含义，参见《华中 8 型 PLC 编程说明书》。

4. 命令

此功能仅限于机床用户、数控厂家以及管理员。

（1）按“诊断→梯图监控→命令”键；

（2）用户可以通过按以下按键，进行编辑梯形图。

· 选择：选择光标所在行；

· 删除：删除光标所在行；

· 移动：移动用户所选的元件；

· 复制：复制用户所选的元件；

· 粘贴：粘贴用户所选的元件；

· 插入行：在光标所在行之前插入一行；

· 增加行：在光标所在行之后插入一行。

5. 载入

此功能仅限于机床用户、数控厂家以及管理员。

按“诊断→梯图监控→载入”键，系统则载入当前梯形图信息。

6. 放弃

此功能仅限于机床用户、数控厂家以及管理员。

按“诊断→梯图监控→放弃”键，可撤销对梯形图的编辑操作。

7. 保存

此功能仅限于机床用户、数控厂家以及管理员。

按“诊断→梯图监控→保存”键，可保存对梯形图的编辑操作。

六、数控车床设置

（一）刀偏表设置

刀具偏置补偿的设置有两种方法：一种是手工填写，另一种是采用试切法。

1. 手工填写法

手工输入刀补数据的操作步骤如下：

（1）按“刀补”主菜单键，选择“刀偏”，图形显示窗口将出现刀偏数据，可进行刀偏数据设置，如图 4-16 所示。

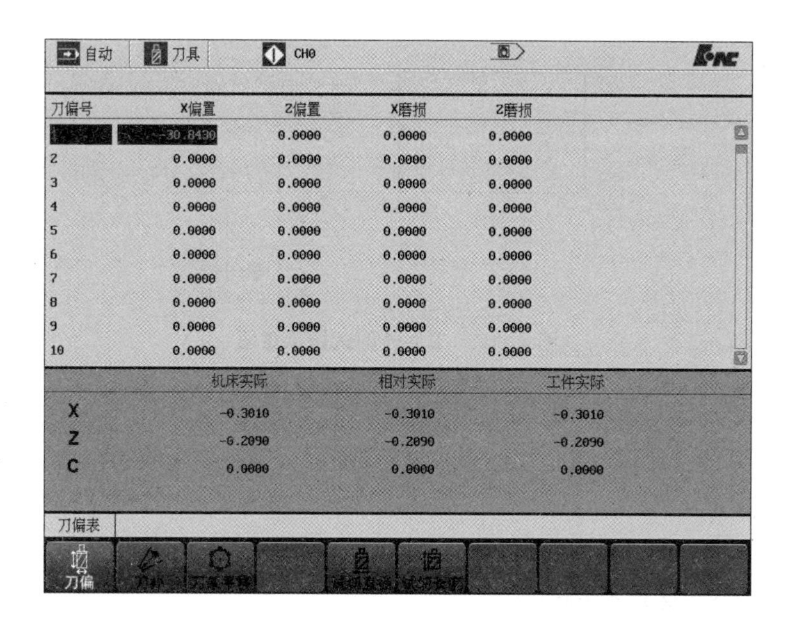

图 4-16　刀偏表

（2）用“▲”“▼”移动光标选择刀偏号；

（3）用“▶”“◀”选择编辑选项；

（4）按“Enter”键，系统进入编辑状态；

（5）修改完毕后，再次按“Enter”键确认；

（6）用户也可以按“刀架平移”键，修改刀架位置。

2. 试切法

试切法指的是通过试切工件，由试切直径和试切长度来计算刀具偏置值的方法。

对刀操作步骤如下：

（1）开机，回零，安装刀具，工件。

（2）主轴转动，M03S500。

（3）在“手动”或者“增量”工作方式下按“手动换刀”按键使刀架旋转到外圆车刀（假设在 1 号刀位）。

（4）选择“刀补”主菜单下“刀偏”表，机床显示屏出现如图 4-16 所示的画面。

（5）试切外圆，如图 4-17 所示。在手动或者手轮操作方式下，用所选刀具在加工余量范围内试切工件外圆，然后刀具沿 Z 向退离工件（X 轴不能移动），停机测量车削后的工件外圆直径（假设测得的直径为 ϕ30.241 mm）。

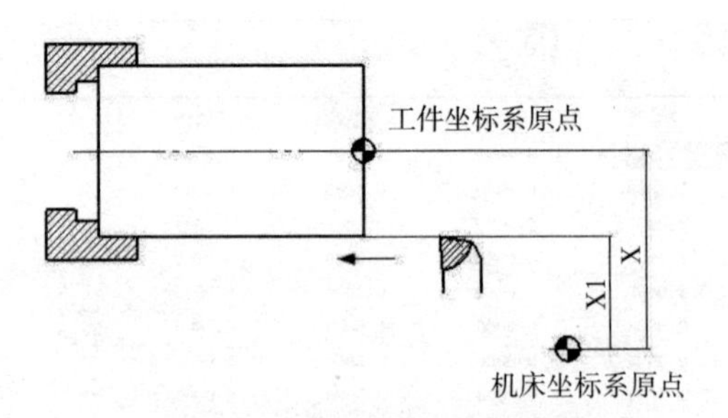

图 4–17　工件外圆试切示意图

（6）移动光标到 1 号刀位处，然后选择“试切直径”按钮，输入测量的直径值“30.241”，系统会计算出数值自动存入 *X* 偏置中（*X* 偏置坐标值 =*X* 轴机床实际坐标值 – 试切直径值）。

（7）将刀具沿 *Z* 方向退回到工件端面余量处一点试切工件端面后，如图 4–18 所示，沿 *X* 向退刀（*Z* 轴不能移动）。

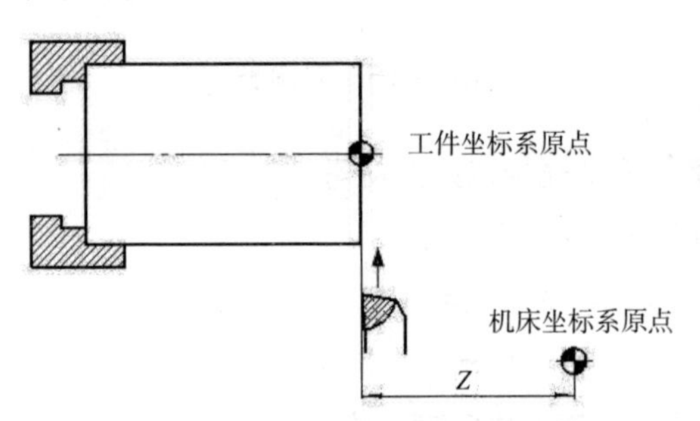

图 4–18　工件端面试切示意图

（8）选择“试切长度”，然后输入“0”，系统会计算出数值自动存入 *Z* 偏置中（*Z* 偏置坐标值 =*Z* 轴机床实际坐标值）。1 号刀具偏置参数设置即完成，其他刀具的设定方法相同。

3. 刀具磨损设置设定

当刀具磨损后或者工件加工后的尺寸有误差的时候，只要修改刀具磨损中相应的补偿值即可。例如，某工件外圆直径在粗加工后的尺寸应该是 38.5 mm，但实际测得的尺寸为 38.57 mm（或 38.39 mm），尺寸偏大 0.07 mm（或偏小 0.11 mm），则在刀偏表所对应刀具号 *X* 磨损输入“−0.07”（或“0.11”）。如果补偿值中已有数值，那么需要在原来数值的基础上进行累加，把累加后的数值输入。

4. 刀尖方位的定义

车床的刀具可以多方向安装，并且刀具的刀尖也有多种形式。为使数控装置知道刀具的安装情况，以便准确地进行刀尖半径补偿，定义了车刀刀尖的位置码。

车刀刀尖的位置码表示理想刀具头与刀尖圆弧中心的位置关系，如图 4-19、图 4-20 所示。大多数的刀尖方位为 3 号方位。

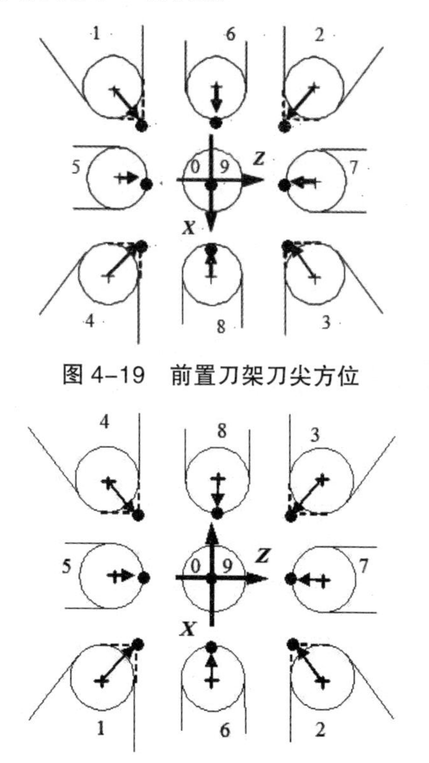

图 4-19　前置刀架刀尖方位

图 4-20　后置刀架刀尖方位

具体操作步骤如下：

（1）选择“刀补”主菜单下“刀补”表，机床显示屏出现如图 4-21 所示的画面。

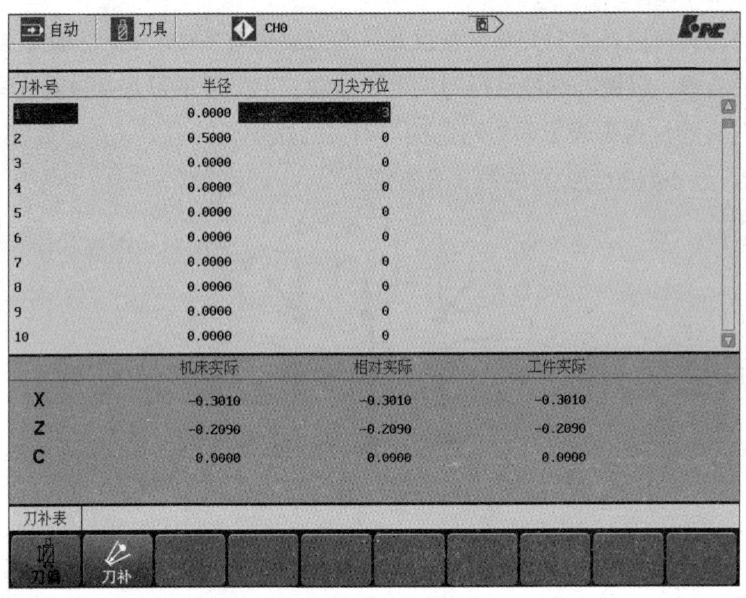

图 4-21　刀补表

（2）用“▲”“▼”移动光标选择刀补号；

（3）用“▶”“◀”选择编辑选项；

（4）按“Enter”键，系统进入编辑状态，输入刀尖方位；

（5）修改完毕后，再次按“Enter”键确认。

（二）坐标系的设置

坐标系数据的设置操作步骤如下：

（1）按“设置”主菜单功能键，进入手动建立工件坐标系的方式，如图 4-22 所示。

（2）通过“PgDn”“PgUp”键选择要输入的工件坐标系 G54、G55、G56、G57、G58、G59、工件（坐标系零点相对于机床零点的值）、相对（当前相对值零点）、G54.1-G54.60。

（3）操作者也可以通过按“查找”按钮，查找特定工件坐标系类型。现在工件坐标系设置的查找的输入主要有两种输入格式：

① P*x* 表示扩展坐标系 *x*。例如：P39，则查找到的为 G54.39 扩展工件坐标系：

② *x* 表示坐标系编号。例如：2，则查找到 G54。

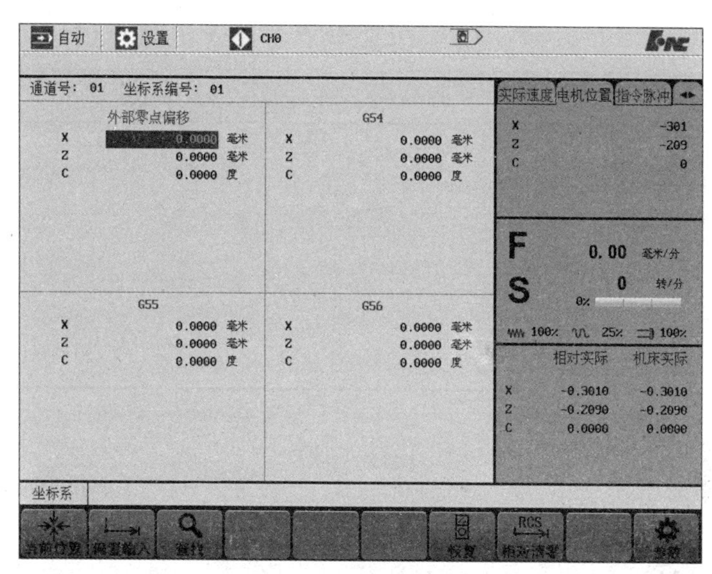

图 4-22　坐标系设置

（4）输入所选坐标系的位置信息，操作者可以采用以下任何一种方式实现：

①在编辑框直接输入所需数据；

②通过按“当前位置”“偏置输入”“恢复”按钮，输入数据。

a. 当前位置：系统读取当前刀具位置。

b. 偏置输入：如果用户输入“+0.001”，则所选轴的坐标系位置为当前位置加上输入的数据；如果用户输入“−0.001”，则所选轴的坐标系位置为当前位置减去输入的数据。

c. 恢复：还原上一次设定的值。

d. 若输入正确，图形显示窗口相应位置将显示修改过的值，否则原值不变。

（三）编辑权限

输入用户相应的口令：

（1）按“设置→参数→系统参数→输入口令”对应功能键；

（2）输入密码；

（3）按“Enter”键，如果口令正确，用户可对系统参数进行修改。

（四）显示参数

设置系统大字符区域和小字符区域的显示信息。

（1）按“设置→参数→显示参数”对应功能键进入显示设置界面，如图 4-23

所示。

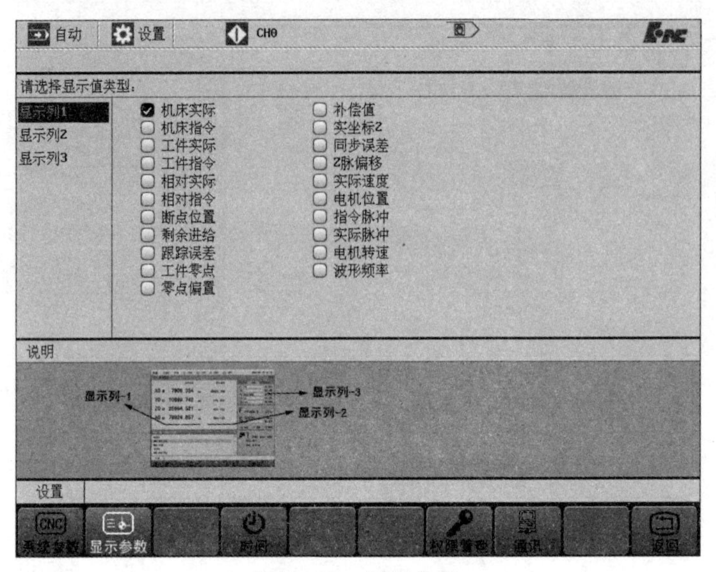

图 4-23　显示参数

（2）使用光标键“▲”和“▼”选择：

①显示列 1：设定大字符的第一列值；

②显示列 2：设定大字符的第二列值；

③显示列 3：设定标签页所显示的值。

（3）使用光标键“►”切换光标至选项列表。

（4）用“▲”和“▼”选择显示的类型。

（5）按“Enter”键以确认。

注意：标签页所显示的值也可以按“◄”“►”切换。

（五）通信

数据可以通过网口从个人电脑（上位机）传输到数控装置（下位机）。

（1）按“设置→参数→通信→网络开”键，开启数控系统的网络功能，如图 4-24 所示；

（2）用户移动光标键，选择需设置的选项，再按“Enter”键进入编辑状态；

（3）输入数据后，再次按“Enter”键以确认保存。

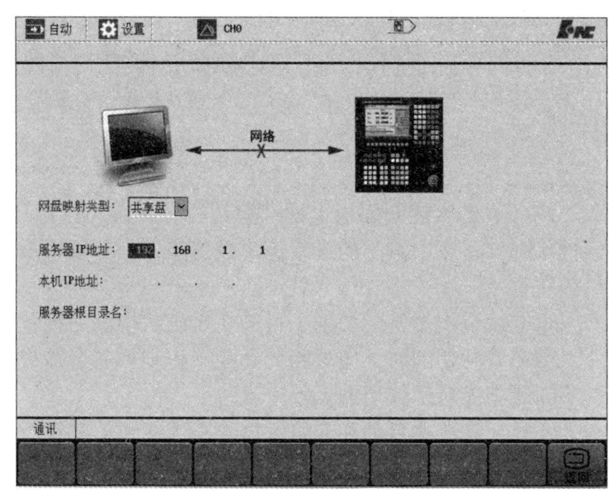

图 4-24　通信界面

（六）运行控制

1. 启动、暂停、中止

（1）启动自动运行

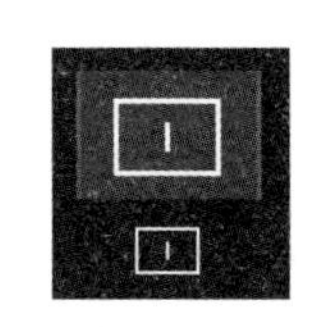	系统调入零件加工程序，经校验无误后，可正式启动运行： ①按一下机床控制面板上的“自动”按键（指示灯亮），进入程序运行方式； ②按一下机床控制面板上的“循环启动”按键（指示灯亮），机床开始自动运行调入的零件加工程序。

（2）暂停运行

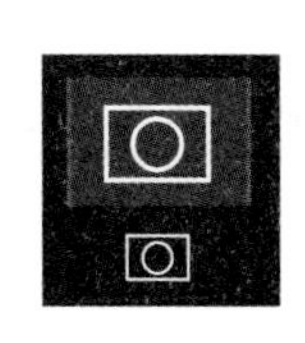	在程序运行的过程中，需要暂停运行，可按下述步骤操作： ①在程序运行的任何位置按一下机床控制面板上的“进给保持”按键（指示灯亮），系统处于进给保持状态； ②再按机床控制面板上的“循环启动”按键（指示灯亮），机床又开始自动运行载入的零件加工程序。

（3）中止运行

在程序运行的过程中，需要中止运行，可按下述步骤操作：

①在程序运行的任何位置按一下机床控制面板上的“进给保持”按键（指示灯亮），系统处于进给保持状态；

②按下机床控制面板上的“手动”键，将机床的 M，S 功能关掉；

③此时如要退出系统，可按下机床控制面板上的“急停”键，中止程序的运行；

④此时如要中止当前程序的运行，又不退出系统，可按下“程序→重运行”对应功能键，重新装入程序。

2. 空运行

按一下机床控制面板上的“空运行”按键（指示灯亮），CNC 处于空运行状态。程序中编制的进给速率被忽略，坐标轴以最大快移速度移动。

注意：

①空运行不做实际切削，目的在于确认切削路径及程序；

②在实际切削时，应关闭此功能，否则可能会造成危险；

③此功能对螺纹切削无效；

④只允许在非自动和非单段方式下才能激活空运行。

3. 程序跳段

如果在程序中使用了跳段符号“/”，当按下该键后，程序运行到有该符号标定的程序段即跳过不执行该段程序；解除该键，则跳段功能无效。

4. 选择停

程序中使用了 M01 辅助指令，按下该键后，程序运行到 M01 指令即停止，再按“循环启动”键，程序段继续运行;解除该键，则 M01 辅助指令功能无效。

5. 单段运行

按一下机床控制面板上的“单段”按键（指示灯亮），系统处于单段自动运行方式，程序控制将逐段执行：

①按一下“循环启动”按键，运行一程序段，机床运动轴减速停止，刀具停止运行；

②再按一下“循环启动”按键,又执行下一程序段,执行完了后又再次停止。

6. 运行时干预

（1）进给速度修调

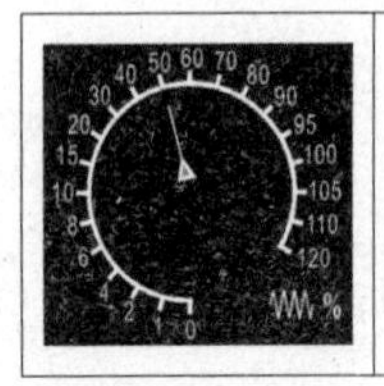

在自动方式或 MDI 运行方式下，当 F 代码编程的进给速度偏高或偏低时，可旋转进给修调波段开关，修调程序中编制的进给速度。修调范围为 0% ～ 120%。

在手动连续进给方式下，此波段开关可调节手动进给速率。

（2）快移速度修调

	根据不同的控制面板，有两种快移修调方式： ①在自动方式或 MDI 运行方式下，旋转快移修调波段开关，修调程序中编制的快移速度。修调范围为 0% ~ 100%。 ②在自动方式或 MDI 运行方式下，按下相应的快移修调倍率按钮。

（3）主轴修调

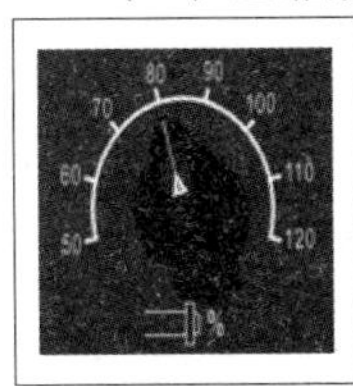	主轴正转及反转的速度可通过主轴修调调节： 旋转主轴修调波段开关，倍率的范围为 50% 和 120% 之间；机械齿轮换挡时，主轴速度不能修调。

（4）机床锁住

 	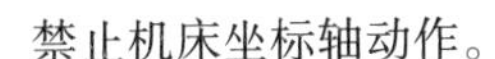禁止机床坐标轴动作。 在手动方式下按一下“机床锁住”按键（指示灯亮），此时在自动方式下运行程序，可模拟程序运行，显示屏上的坐标轴位置信息变化，但不输出伺服轴的移动指令，所以机床停止不动。这个功能用于校验程序。 注意： ①即便是 G28，G29 功能，刀具也不运动到参考点； ②在自动运行过程中，按“机床锁住”按键，机床锁住无效； ③在自动运行过程中，只在运行结束时，方可解除机床锁住； ④每次执行此功能后，须再次进行回参考点操作。

（七）梯图监控

1. 梯图诊断

（1）按“诊断→梯图监控→梯图诊断”对应功能键，即可查看每个变量的值；

（2）默认情况下，系统显示的值以“十进制”表示；用户可以按“十六进制”对应的功能键，则系统显示的值以“十六进制”表示；

（3）使用光标键选择元件；

（4）按“禁止”或“允许”对应的功能键，屏蔽或激活元件；

（5）按“恢复”对应的功能键，可撤销上述屏蔽或激活元件的操作。

2. 查找

（1）按“诊断→梯图监控→查找”对应功能键；

（2）输入元件名，按“Enter”键，即可查找元件；

（3）可以按“向上查找”或“向下查找”键，系统即可查找上一个或下一个同名的元件。

3. 修改

此功能仅限于机床用户、数控厂家以及管理员。

（1）按“诊断→梯图监控→修改”对应功能键；

（2）使用光标键选择元件，按“Enter”键，系统则进入编辑状态；

（3）用户可以在编辑框输入元件值；

（4）再次按“Enter”键，完成编辑操作；

（5）用户也可按“修改”菜单对应的功能键，进行新建元件的操作。

· 直线：插入直线；

· 竖线：插入竖线；

· 删除元件：删除元件；

· 删除竖线：删除竖线；

· 常开：常开触点；

· 常闭：常闭触点；

· 逻辑输出；

· 取反输出；

· 功能模块（用户可以按元件的首写字母直接选择元件）

注意：关于元件的具体含义，参见《华中 8 型 PLC 编程手册》。

4. 命令

此功能仅限于机床用户、数控厂家以及管理员。

（1）按“诊断→梯图监控→命令”对应功能键；

（2）用户可以通过按以下按键进行编辑梯形图。

· 选择：选择光标所在行；

· 删除：删除光标所在行；

· 移动：移动用户所选的元件；

· 复制：复制用户所选的元件；

· 粘贴：粘贴用户所选的元件；

· 插入行：在光标所在行之前插入一行；

· 增加行：在光标所在行之后插入一行。

5. 保存

此功能仅限于机床用户、数控厂家以及管理员。

按“诊断→梯图监控→保存”对应功能键，可保存对梯形图的编辑操作。

七、加工中心程序编制

（一）编程基础

1. 数控编程概述

（1）定义零件程序。零件程序是由数控装置专用编程语言书写的一系列指令组成的（应用得最广泛的是 ISO 码：国际标准化组织规定的代码）。

数控装置将零件程序转化为对机床的控制动作。

早期使用的程序存储介质是穿孔纸带和磁盘，现在常用的是电子盘和 CF 卡。

（2）准备零件程序。可以用传统的方法手工编制一个零件程序，也可以用一套 CAD/CAM 系统（如目前流行的 MasterCAM、UG 等）创建一个零件程序。

2. 数控机床概述

（1）机床坐标轴。为简化编程和保证程序的通用性，对数控机床的坐标轴和方向命名制定了统一的标准，规定直线进给坐标轴用 X，Y，Z 表示，常称基本坐标轴；围绕 X，Y，Z 轴旋转的圆周进给坐标轴分别用 A，B，C 表示，常称旋转坐标轴。

（2）基本坐标轴 X，Y，Z。机床坐标轴的方向取决于机床的类型和各组成部分的布局。X，Y，Z 坐标轴的相互关系用右手定则决定，如图 4-25 所示，图中大拇指的指向为 X 轴的正方向，食指指向为 Y 轴的正方向，中指指向为 Z 轴的正方向。

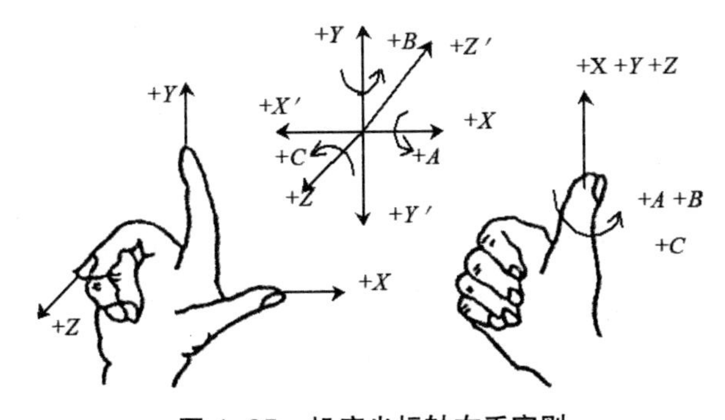

图 4-25 机床坐标轴右手定则

对于单立柱立式铣床（或加工中心），由于其为有旋转主轴的机床，先确定 Z 轴方向：主轴轴线方向为 Z 轴方向，刀具离开工件的方向为 Z 轴正方向；然后确定 X 轴方向：操作者面向立柱时，在工作台移动方向中，刀具相对于工件，刀具向右移动的方向为 X 轴正方向；再确定 Y 轴方向：根据右手定则即可确定，刀具相对于工件，刀具向立柱移动的方向为 Y 轴正方向。数控机床的进给运动，有的由主轴带动刀具运动来实现，有的由工作台带着工件运动实现。上述坐标轴正方向是假定工件不动，刀具相对于工件做进给运动的方向。如果是工件移动则用加"′"的字母表示，按相对运动的关系，工件运动的正方向恰好与刀具运动的正方向相反，即有：

$$+X=-X' \quad ,+Y=-Y' \quad ,+Z=-Z'$$

$$+A=-A' \quad ,+B=-B' \quad ,+C=-C'$$

同样，两者运动的负方向也彼此相反。

（3）旋转坐标轴

围绕 X, Y, Z 轴旋转的圆周进给坐标轴分别用 A, B, C 表示，根据右手螺旋定则，如图 4-25 所示，以大拇指指向 $+X$，$+Y$，$+Z$ 方向，则食指、中指等的指向是圆周进给运动的 $+A$，$+B$，$+C$ 方向。

（4）机床参考点、机床零点和机床坐标系

①机床参考点：机床参考点是机床上一个固定的机械点（有的机床是通过行程开关和挡块确定，有的机床是直接由光栅零点确定等）。通常在机床的每个坐标轴的移动范围内设置一个机械点，由它们构成一个多轴坐标系的一点。参考点主要是给数控装置提供一个固定不变的参照，保证每一次上电后进行的位置控制，不受系统失步、漂移、热胀冷缩等的影响。参考点的位置可根据不同的机床结构设定在不同的位置，但一经设计、制造和调整后，该点便被固定下来。机床启动时，通常要进行机动或手动回参考点操作，以确定机床零点。

②机床零点：机床零点是机床中一个固定的点，数控装置以其为参照进行位置控制。数控装置上电时并不知道机床零点的位置，当进行回参考点操作后，机床到达参考点位置，并调出系统参数中"参考点在机床坐标系中的坐标值"，从而使数控装置确定机床零点的位置（即通过当前位置的坐标值确定坐标零点），实现将人为设置的机械参照点转换为数控装置可知的控制参照点。参考点位置和系统参数值不变，则机床零点位置不变。当系统参数设定"参考点在机床坐标系中的坐标值为 0 时"，回参考点后显示的机床位置各坐标值均为"0"，即机床零点与机床参考点重合，以后机床无论通过何种方式移动，均可通过计算脉冲数知道机床相对于机床零点的位置关系。

③机床坐标系：机床坐标系是机床固有的坐标系。其以机床零点为原点，各坐标轴平行于各机床轴的坐标系称为机床坐标系。机床坐标系的原点也称为机床原点或机床零点。

机床坐标轴的有效行程范围是由软件限位界定的，其值由制造商定义。

（5）工件坐标系、程序原点

工件坐标系是编程人员在编程时使用的，编程人员选择工件上的某一已知点为原点（也称程序原点），建立一个平行于机床各轴方向的坐标系，称为工件坐标系。工件坐标系一旦建立便一直有效，直到被新的工件坐标系所取代。

工件坐标系的引入是为了简化编程、减少计算，使编辑的程序不因工件安装的位置不同而不同。虽然数控系统进行位置控制的参照是机床坐标系，但我们一般都是在工件坐标系下操作或编程。

工件坐标系的原点选择要尽量满足编程简单、尺寸换算少、引起的加工误差小等条件。一般情况下，以坐标式尺寸标注的零件，程序原点应选在尺寸标注的基准点；对称零件或以同心圆为主的零件，程序原点应选在对称中心线或圆心上。Z 轴的程序原点通常选在工件的上表面。

加工开始时要设置工件坐标系，用 G92 指令可建立工件坐标系；用 G54 ～ G59 指令可选择工件坐标系。

（二）程序构成

一个零件程序是一组被传送到数控装置中去的指令和数据。

一个零件程序是由遵循一定结构、句法和格式规则的若干个程序段组成的，而每个程序段是由若干个指令字组成的，如图 4-26 所示。

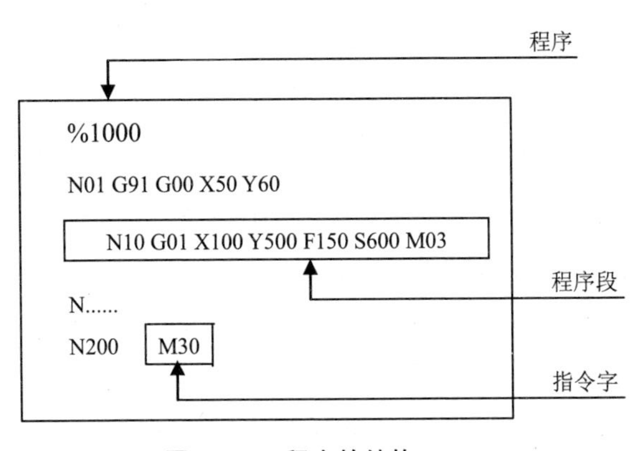

图 4-26　程序的结构

1. 指令字的格式

一个指令字是由地址符（指令字符）和带符号（如定义尺寸的字）或不带符号（如准备功能字 G 代码）的数字数据组成的。

程序段中不同的指令字符及其后续数值确定了每个指令字的含义。在数控程序段中包含的主要指令字符如表 4-5 所示。

表 4-5　指令字符一览表

机 能	地 址	意　义
零件程序号	%	程序编号：%1 ～ 4 294 967 295
程序段号	N	程序段编号：N0 ～ 4 294 967 295
准备机能	G	指令动作方式（直线、圆弧等）G00 ～ 99
尺寸字	X，Y，Z A，B，C U，V，W	坐标轴的移动命令 ±99 999.999
	R	圆弧的半径，固定循环的参数
	I，J，K	圆心相对于起点的坐标，固定循环的参数
进给速度	F	进给速度的指定　F0 ～ 24 000
主轴机能	S	主轴旋转速度的指定　S0 ～ 9 999
刀具机能	T	刀具编号的指定　T0 ～ 99
辅助机能	M	机床侧开 / 关控制的指定 M0 ～ 99
补偿号	H，D	刀具补偿号的指定　01 ～ 99
暂停	P，X	暂停时间的指定　s
程序号的指定	P	子程序号的指定　P1 ～ 4 294 967 295
重复次数	L	子程序的重复次数，固定循环的重复次数
参数	P，Q，R	固定循环的参数

2. 程序段的格式

一个程序段定义一个将由数控装置执行的指令行。

程序段的格式定义了每个程序段中功能字的句法，如图 4-27 所示。

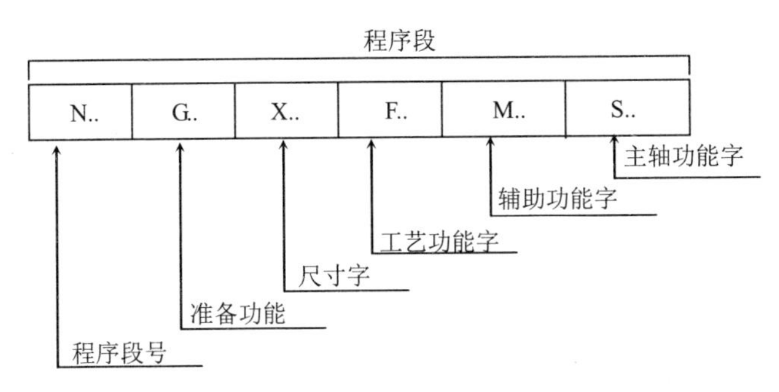

图 4-27　程序段格式

3. 程序的一般结构

一个零件程序必须包括起始符和结束符。

一个零件程序是按程序段的输入顺序执行的，而不是按程序段号的顺序执行的，但书写程序时，建议按升序书写程序段号。

起始符：%（或 O）后跟数字，如 %3256。程序起始符应单独一行，并从程序的第一行、第一格开始。后接的数字一般为 4 位阿拉伯数字。

程序结束：M02（程序结束）或 M30（程序结束并返回程序头）。

单行指令：在编写加工 G 代码程序时，有些指令必须是单独一行编写，如 M30，M02，M99 等指令。

4. 程序的文件名

CNC 装置可以装入许多程序文件，以磁盘文件的方式读写。编辑程序时必须首先建立文件名，文件名格式为(有别于 DOS 的其他文件名)：O××××(地址 O 后面必须在四位数字或字母以内)。主程序、子程序必须写在同一个文件名下。本系统通过调用文件名调用程序，进行加工或编辑。

5. 程序文件属性

对于程序文件，可以设置其访问属性。

通过界面操作可将当前加载程序设置为只读属性，此时文件将不能被改写，即禁止编辑直到通过界面操作将它设置为可写属性为止。

另外，通过工程面板的钥匙开关也可以控制程序的访问属性，只不过此钥匙开关是对程序管理器中的所有程序起作用，即当开关关闭时，所有程序将变为只读状态，直到开关打开为止。

6. 子程序

当一个程序中有固定加工操作重复出现时，可通过将这部分操作作为子程序事先输入到程序中，以简化编程。

（1）子程序执行过程

子程序执行过程如图 4-28 所示。

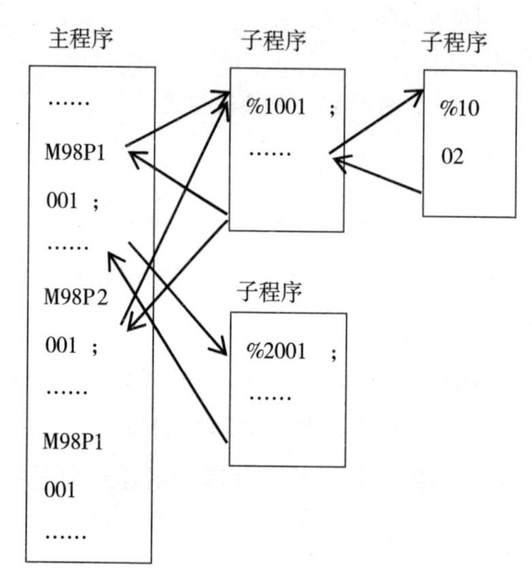

图 4-28 子程序执行过程

（2）子程序调用

通过 M98 和 G65 调用子程序。

（三）辅助功能

1.M 指令

辅助功能代码由地址字 M 及其后的数字组成，主要用于控制零件程序的走向、机床各种辅助开关动作以及指定主轴启动、主轴停止、程序结束等辅助功能。

通常，一个程序段只有一个 M 代码有效。本系统中，一个程序段中最多可以指定 4 个 M 代码（同组的 M 代码不要在一行中同时指定）。

M00，M01，M02，M30，M92，M99 等 M 代码要求单行指定，即含上述 M 代码的程序行不仅只能有一个 M 代码，且不能有 G 指令、T 指令等其他执行指令。

M 代码和功能之间的对应关系，依赖于机床制造商的具体设定。

（1）模态

M 功能有非模态 M 功能和模态 M 功能两种形式。

非模态 M 功能：只当前段有效；

模态 M 功能：续效代码。

（2）模态分组

模态 M 指令是根据功能不同进行分组的，指定的 M 模态指令一旦被执行，就一直有效，直到被同一组的 M 模态指令注销位置。

模态 M 功能组中包含一个缺省功能，系统上电时将被初始化为该功能。

CNC 内定的辅助功能：

①程序暂停 M00

当 CNC 执行到 M00 指令时，将暂停执行当前程序，以方便操作者进行刀具和工件的尺寸测量、工件调头、手动变速等操作。暂停时，机床进给停止，而全部现存的模态信息保持不变，欲继续执行后续程序，重按操作面板上的“循环启动”键。

M00 为非模态后作用 M 功能。

②选择停 M01

如果用户按亮操作面板上的“选择停”键，当 CNC 执行到 M01 指令时，将暂停执行当前程序，以方便操作者进行刀具和工件的尺寸测量、工件调头、手动变速等操作。暂停时，机床的进给停止，而全部现存的模态信息保持不变，欲继续执行后续程序，重按操作面板上的“循环启动”键。

如果用户没有激活操作面板上的“选择停”键，当 CNC 执行到 M01 指令时，程序就不会暂停而继续往下执行。

M01 为非模态后作用 M 功能。

③程序结束并返回 M30

M30 和 M02 功能基本相同，只是 M30 指令还兼有控制返回到零件程序头（%）的作用。

使用 M30 的程序结束后，若要重新执行该程序，只需再次按操作面板上的“循环启动”键。

④子程序调用功能

如果程序含有固定的顺序或频繁重复的模式，这样的一个顺序或模式可以在存储器中存储为一个子程序以简化该程序。

子程序被调用次数（L）最大为 10 000 次。可以从主程序调用一个子程序。另外，一个被调用的子程序也可以再调用另一个子程序。

・子程序的格式如图 4-29 所示。

%××××：子程序号
……：子程序内容
M99：子程序返回
子程序调用（M98）
M98 P □□□□ L △△△
□□□□：被调用的子程序号（为阿拉伯数字）
△△△：子程序重复调用的次数

图 4-29　子程序的结构

M98 执行时先在程序段中查找要调用的子程序号。如果程序段中无此子程序号，则在用户程序区中查找该子程序号。

・子程序嵌套调用。主程序调用子程序时，被当作一级子程序调用。子程序调用最多可嵌套 8 级，如图 4-30 所示。

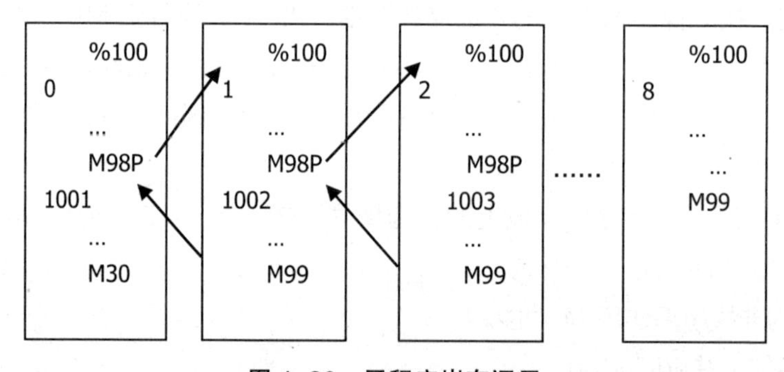

图 4-30　子程序嵌套调用

如果在主程序中执行 M99，则控制返回到主程序的开始处，从头开始执行主程序。

2.PLC 设定的辅助功能

（1）主轴控制 M03/04/05

M03 启动主轴以程序中编制的主轴速度顺时针方向（从 *Z* 轴正向朝 *Z* 轴负向看）旋转。

M04 启动主轴以程序中编制的主轴速度逆时针方向旋转。

M05 使主轴停止旋转。

M03,M04 为模态前作用 M 功能；M05 为模态后作用 M 功能,M05 为缺省功能。

M03，M04，M05 可相互注销。

（2）M06 换刀

M06 用于在加工中心上调用一个欲安装在主轴上的刀具。执行该指令，刀具将被自动地安装在主轴上，如 M06 T01，则 01 号刀将被安装到主轴上。

M06 为非模态后作用 M 功能。

对于斗笠式刀库机床，其换刀过程如下（如将主轴上的 15 号刀换成 01 号刀，即执行 M06 T01 指令）：

主轴快移到固定的换刀位置（该位置已由调试人员设置完成）；

主轴旋转定向；

刀库旋转到该刀位置（即刀库表中的 0 组刀号位置 15）；

气缸推动刀库，卡住主轴上刀具；

主轴上气缸松开刀具，吹气清理主轴；

主轴上移，并完全离开刀具；

刀库旋转到将更换刀具的位置（即 01 号位置，此时刀库表中的 0 组刀号位置变为 01）；

主轴向下移动，接住刀具；

主轴上气缸夹紧刀具；

刀库退回原位；

主轴解除定向。

（3）冷却液控制 M07/08/09

M07，M08 指令将打开冷却液管道。

M09 指令将关闭冷却液管道。

M07,M08 为模态前作用 M 功能；M09 为模态后作用 M 功能,M09 为缺省功能。

（4）主轴定向 M19/M20

M19 指令：主轴定向。

M20 指令：取消主轴定向。

3. 主轴功能 S、进给速度 F 和刀具功能 T

（1）主轴功能 S

主轴功能 S 控制主轴转速，其后的数值表示主轴速度，单位为转 / 分钟 (r/min)。

恒线速度功能时S指定切削线速度，其后的数值单位为米/分钟(m/min)。（G96恒线速度有效，G97取消恒线速度）

S是模态指令，S功能只有在主轴速度可调节时有效。

S所编程的主轴转速可以借助机床控制面板上的主轴倍率开关进行修调。

（2）进给速度F

F指令表示工件被加工时刀具相对于工件的合成进给速度，F的单位取决于G94(每分钟进给量mm/min)或G95(每转进给量mm/r)。

当工作在G01，G02或G03方式下，编程的F一直有效，直到被新的F值所取代，而工作在G00,G60方式下，快速定位的速度是各轴的最高速度，与所编F无关。

借助操作面板上的倍率按键，F可在一定范围内进行倍率修调。当执行攻丝循环G74，G84，G34时，倍率开关失效，进给倍率固定在100%。

（3）刀具功能(T机能)

T代码用于选刀，其后的数值表示选择的刀具号，T代码与刀具的关系是由机床制造厂规定的。

在加工中心上执行T指令，刀库转动选择所需的刀具，然后等待，直到M06指令作用时自动完成换刀。

对于斗笠式刀库，要求M06指令和T指令写在同一程序段中。换刀时要注意刀库表中，0组刀号（如是15）为主轴上所夹持刀具在刀库中的位置号，该刀具在换其他刀具时，要将该刀具还给刀库中该位置（即15号位），此时刀库中该位置不得有刀具，否则将发生碰撞。刀库表中的刀具为系统自行管理，一般不得修改，开机时刀库中正对主轴的刀位（如是15），应与刀库表中0组刀号相同（应为15），且刀库上该位不得有刀具。

因此刀库上刀时，建议先将刀具安装在主轴上，然后在MDI模式下，运行M和T指令（如M06 T01），通过主轴将刀具安装到刀库中。

4.准备功能G代码

准备功能G指令由G后一位或两位数值组成，它用来规定刀具和工件的相对运动轨迹、机床坐标系、坐标平面、刀具补偿、坐标偏置等多种加工操作（表4-6）。

表 4-6　G 代码

G 代码	组	功　能	参数（后续地址字）
G00		快速定位	X，Y，Z，4TH①
G01	01	直线插补	同上
G02		顺圆插补	X，Y，Z，I，J，K，R
G03		逆圆插补	同上
G04	00	暂停	P
G07	16	虚轴指定	X，Y，Z，4TH
G09	00	准停校验	
G17		*XY* 平面选择	X，Y
G18	02	*ZX* 平面选择	X，Z
G19		*YZ* 平面选择	Y，Z
G20		英寸输入	
G21	08	毫米输入	
G22		脉冲当量	
G24	03	镜像开	X，Y，Z，4TH
G25		镜像关	
G28	00	返回到参考点	X，Y，Z，4TH
G29		由参考点返回	同上
G40		刀具半径补偿取消	
G41	09	左刀补	D
G42		右刀补	D
G43		刀具长度正向补偿	H
G44	10	刀具长度负向补偿	H
G49		刀具长度补偿取消	
G50	04	缩放关	
G51		缩放开	X，Y，Z，P
G52	00	局部坐标系设定	X，Y，Z，4TH

续 表

G代码	组	功 能	参数（后续地址字）
G53		直接机床坐标系编程	
G54		工件坐标系1选择	
G55		工件坐标系2选择	
G56	11	工件坐标系3选择	
G57		工件坐标系4选择	
G58		工件坐标系5选择	
G59		工件坐标系6选择	
G60	00	单方向定位	X，Y，Z，4TH
G61	12	精确停止校验方式	
G64		连续方式	
G68	05	旋转变换	X，Y，Z，P
G69		旋转取消	
G73		深孔钻削循环	X，Y，Z，P，Q，R，I，J，K
G74		逆攻丝循环	同上
G76		精镗循环	同上
G80		固定循环取消	同上
G81		定心钻循环	同上
G82		钻孔循环	同上
G83	06	深孔钻循环	同上
G84		攻丝循环	同上
G85		镗孔循环	同上
G86		镗孔循环	同上
G87		反镗循环	同上
G88		镗孔循环	同上
G89		镗孔循环	同上

续　表

G代码	组	功　能	参数（后续地址字）
G90	13	绝对值编程	
G91		增量值编程	
G92	00	工件坐标系设定	X，Y，Z，4TH
G94	14	每分钟进给	
G95		每转进给	
G98	15	固定循环返回起始点	
G99		固定循环返回到 R 点	

注意：

① 4TH 指的是 X，Y，Z 之外的第 4 轴，可用 A，B，C 等命名；

② 00 组中的 G 代码是非模态的，其他组的 G 代码是模态的。

G 功能有非模态 G 功能和模态 G 功能之分。

非模态 G 功能：只在所规定的程序段中有效，程序段结束时被注销；

模态 G 功能：一组可相互注销的 G 功能，这些功能一旦被执行，则一直有效，直到被同一组的 G 功能注销为止。

八、数控车床加工程序编制

如图 4-31 所示为数控车床坐标系。

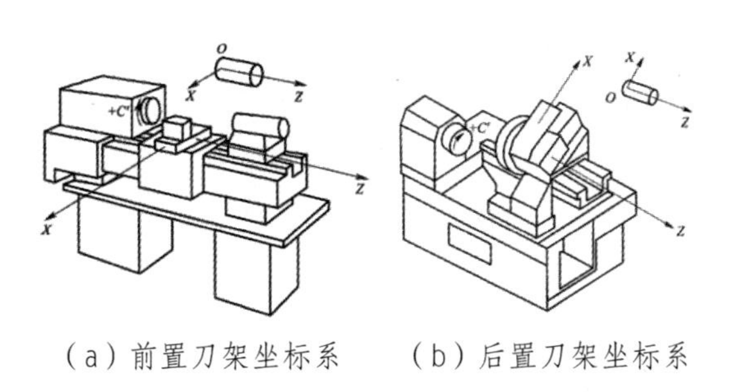

（a）前置刀架坐标系　　（b）后置刀架坐标系

图 4-31　数控车床坐标系

（一）编程零点

编程零点是程序中人为采用的零点，一般取工件坐标系原点为编程零点。对形状复杂的零件，需要编制几个程序或子程序。为了编程方便，减少坐标值的计算量，编程零点就不一定设在工件原点上，而是设在便于程序编制的位置。

可以通过 CNC 将相对于程序原点的任意点的坐标转换为相对于机床零点的坐标，如图 4-32 所示。

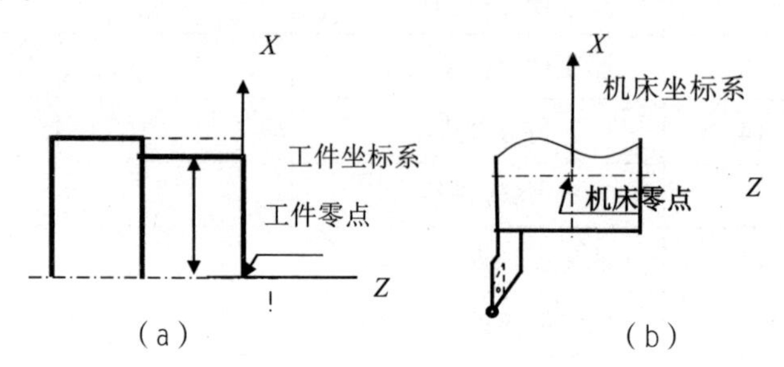

图 4-32　工件坐标系与机床坐标系的关系

（二）T 指令

T 代码用于选刀和换刀，其后的 4/6/8 位数字表示选择的刀具号和刀具补偿号。

- T×× ××（4 位数字）：前两位数字指刀具号，后两位数字是刀具补偿号；
- T××× ×××（6 位数字）：前三位数字指刀具号，后三位数字是刀具补偿号；
- T×××× ××××（8 位数字）：前四位数字指刀具号，后四位数字是刀具补偿号。

T 代码与刀具的关系是由机床制造厂规定的，请参考机床厂家的手册。

可以通过设置参数来确定 T 代码后带数字位数，通常默认为 4 位。

- 当参数 P000061 为 2 时，T 代码后带 4 位数字。
- 当参数 P000061 为 3 时，T 代码后带 6 位数字。

同一把刀可以对应多个刀具补偿，比如说 T0101，T0102，T0103。也可以多把刀对应一个刀具补偿，比如说 T0101，T0201，T0301。

执行 T 指令，转动转塔刀架，选用指定的刀具。同时调入刀补寄存器中的补偿值（刀具的几何补偿值即偏置补偿与磨损补偿之和）。执行 T 指令时并不立即产生刀具移动动作，而是当后面有移动指令时一并执行。

当一个程序段同时包含 T 代码与刀具移动指令时，先执行 T 代码指令，而后执行刀具移动指令。

（三）准备功能 G 代码

准备功能 G 指令由 G 后一位或两位数值组成，它用来规定刀具和工件的相对运动轨迹、机床坐标系、坐标平面、刀具补偿、坐标偏置等多种加工操作。G 代码及其功能如表 4-7 所示。

表 4-7　G 代码及其功能

G 代码	组　号	功　能
G00	01	快速定位
【G01】		线性插补
G02		顺时针圆弧插补 / 顺时针圆柱螺旋插补
G03		逆时针圆弧插补 / 逆时针圆柱螺旋插补
G04	00	暂停
G07	00	虚轴指定
G08		关闭前瞻功能
G09		准停校验
G10	07	可编程数据输入
【G11】		可编程数据输入取消
G17	02	*XY* 平面选择
G18		*ZX* 平面选择
【G19】		*YZ* 平面选择
G20	08	英制输入
【G21】		公制输入
G28	00	返回参考点
G29		从参考点返回
G30		返回第 2，3，4，5 参考点
G32	01	螺纹切削

续 表

G 代码	组 号	功 能
【G36】	17	直径编程
G37		半径编程
【G40】	09	刀具半径补偿取消
G41		左刀补
G42		右刀补
G52	00	局部坐标系设定
G53		直接机床坐标系编程
G54.x	11	扩展工件坐标系选择
【G54】		工件坐标系 1 选择
G55		工件坐标系 2 选择
G56		工件坐标系 3 选择
G57		工件坐标系 4 选择
G58		工件坐标系 5 选择
G59		工件坐标系 6 选择
G60	00	单方向定位
【G61】	12	精确停止方式
G64		切削方式
G65	00	宏非模态调用

续　表

G 代码	组　号	功　能
G71	06	内（外）径粗车复合循环
G72		端面粗车复合循环
G73		闭合车削复合循环
G76		螺纹切削复合循环
G80		内（外）径切削循环
G81		端面切削循环
G82		螺纹切削循环
G74		端面深孔钻加工循环
G75		外径切槽循环
G83	06	轴向钻循环
G87		径向钻循环
G84		轴向刚性攻丝循环
G88		径向刚性攻丝循环
【G90】	13	绝对编程方式
G91		增量编程方式
G92	00	工件坐标系设定
G93	14	反比时间进给
【G94】		每分钟进给
G95		每转进给
【G97】	19	圆周恒线速度控制关
G96		圆周恒线速度控制开

续 表

G代码	组 号	功 能
G108 『STOC』	00	主轴切换为 C 轴
G109 『CTOS』		C 轴切换为主轴
G115		回转轴角度分辨率重定义

注意：

①系统上电后，表中标注“【 】”符号的为同组中初始模态，标注“『 』”符号的为该G代码的等效宏名；

②非模态G代码：只有指定该G代码时才有效，未指定时无效；

③模态G代码：该类G代码执行一次后由CNC系统存储，在同组其他代码执行之前一直有效；

④G代码按其功能类别分为若干个组，其中00组为非模态G代码，其他组均为模态G代码。同一程序段中可以指定多个不同组的G代码，若在同一程序段中指定了多个同组代码，只有最后指定的代码有效。

赛项一：切削加工智能制造单元安装与调试的加工件图纸（图 4-33，4-34）

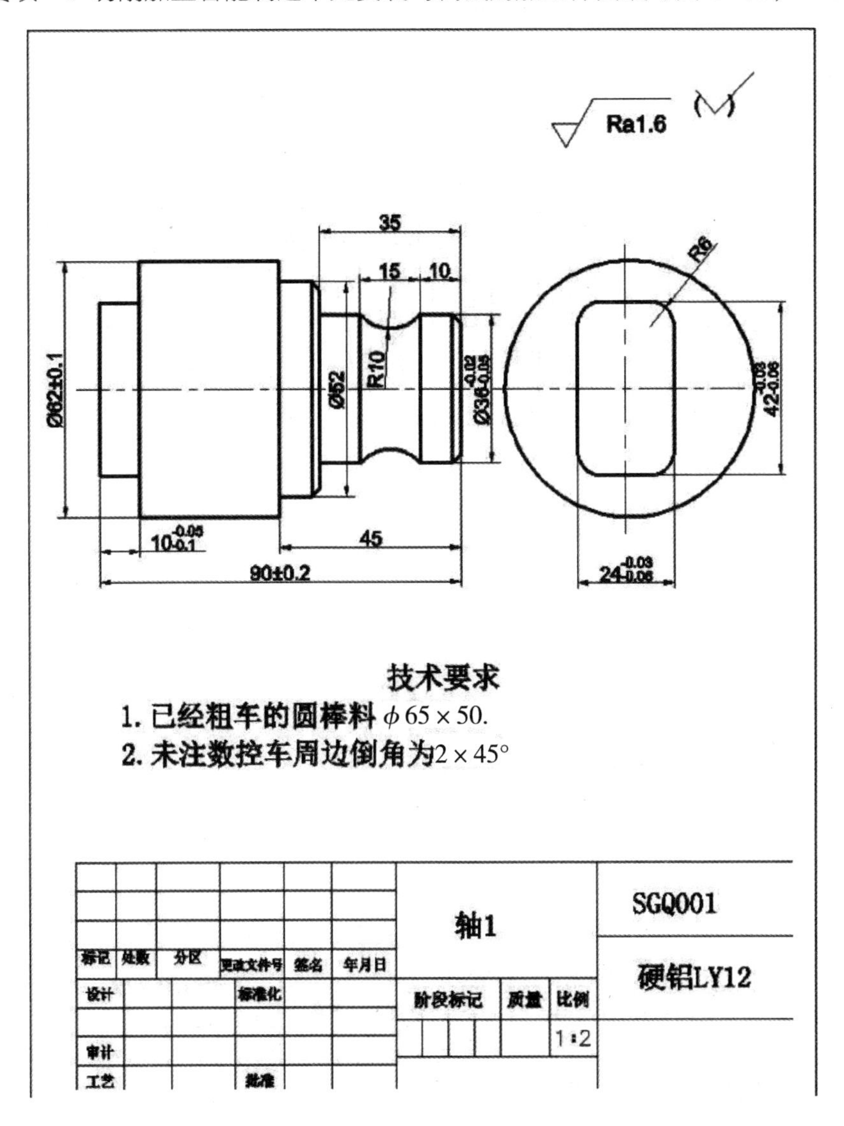

图 4-33　轴 1

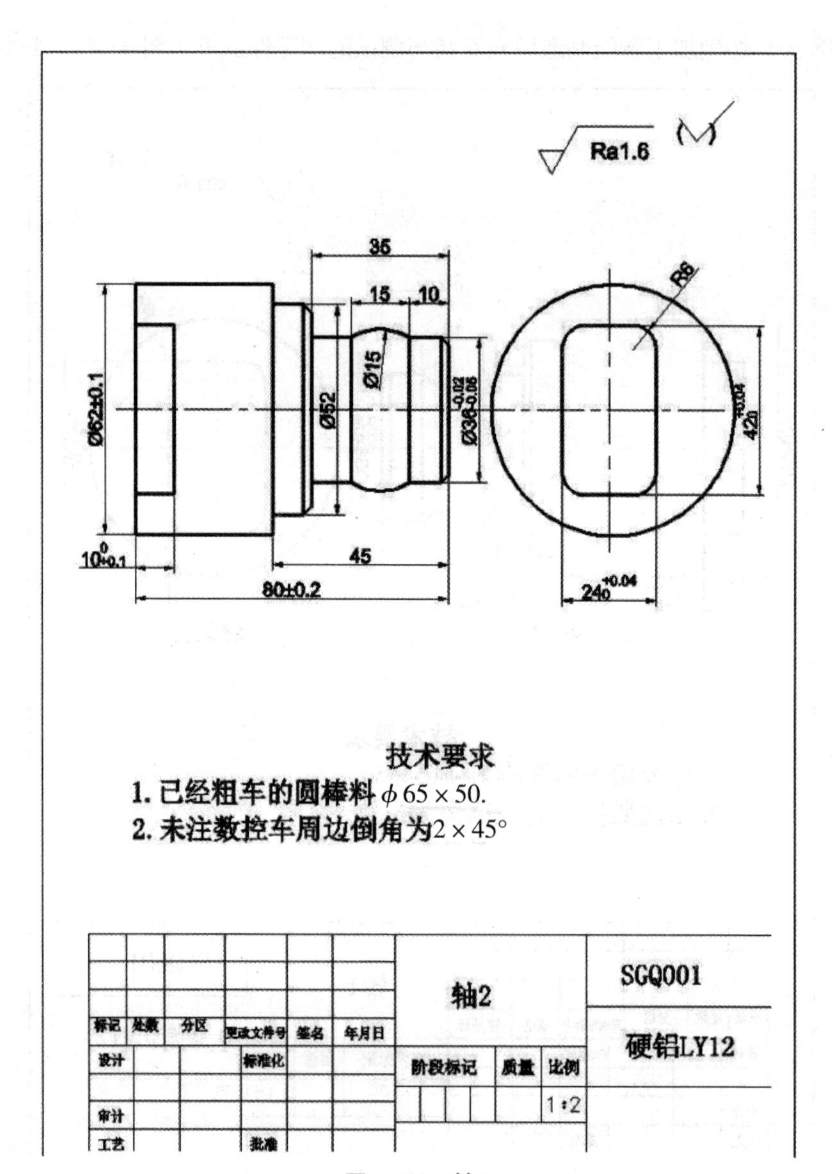

Ra1.6
35
15
10
R6
Ø15
Ø52
Ø62±0.1
$Ø36^{-0.02}_{-0.06}$
$42^{+0.04}_{0}$
$10^{0}_{+0.1}$
45
80±0.2
$24^{+0.04}_{0}$
技术要求
1. 已经粗车的圆棒料 $\phi 65\times 50$.
2. 未注数控车周边倒角为 $2\times 45°$
标记
处数
分区
更改文件号
签名
年月日
设计
标准化
审计
工艺
批准
轴2
阶段标记
质量
比例
1:2
SGQ001
硬铝LY12

图 4-34 轴 2

赛项二：切削加工智能制造单元生产与管控的加工件图纸（图 4-35、图 4-36、图 4-37）

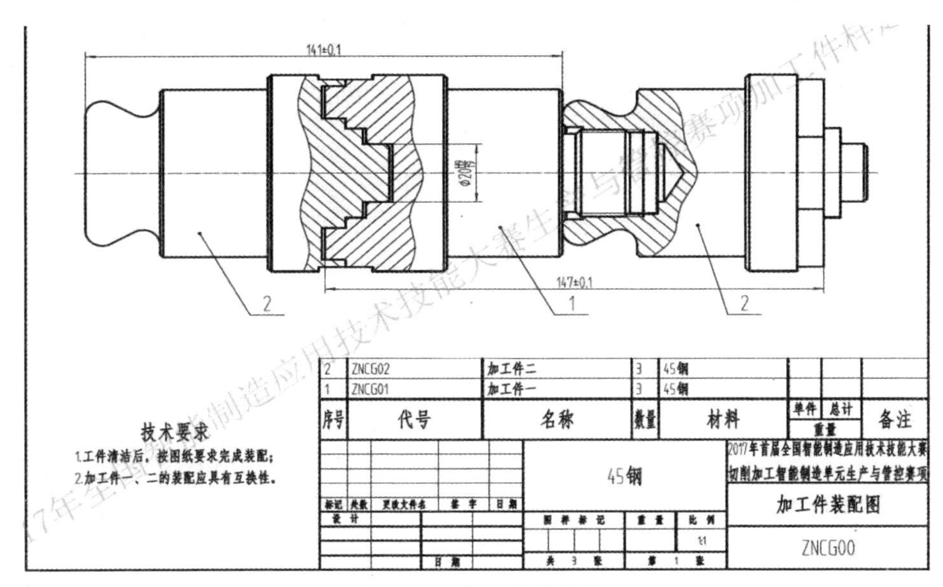

图 4-35　加工件装饰图

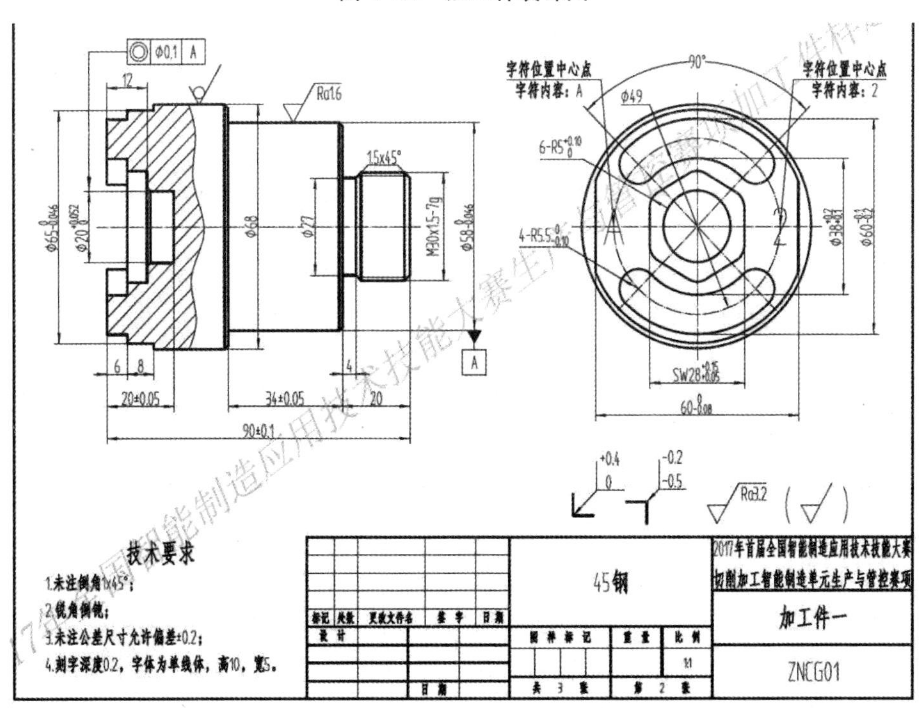

图 4-36　加工件一

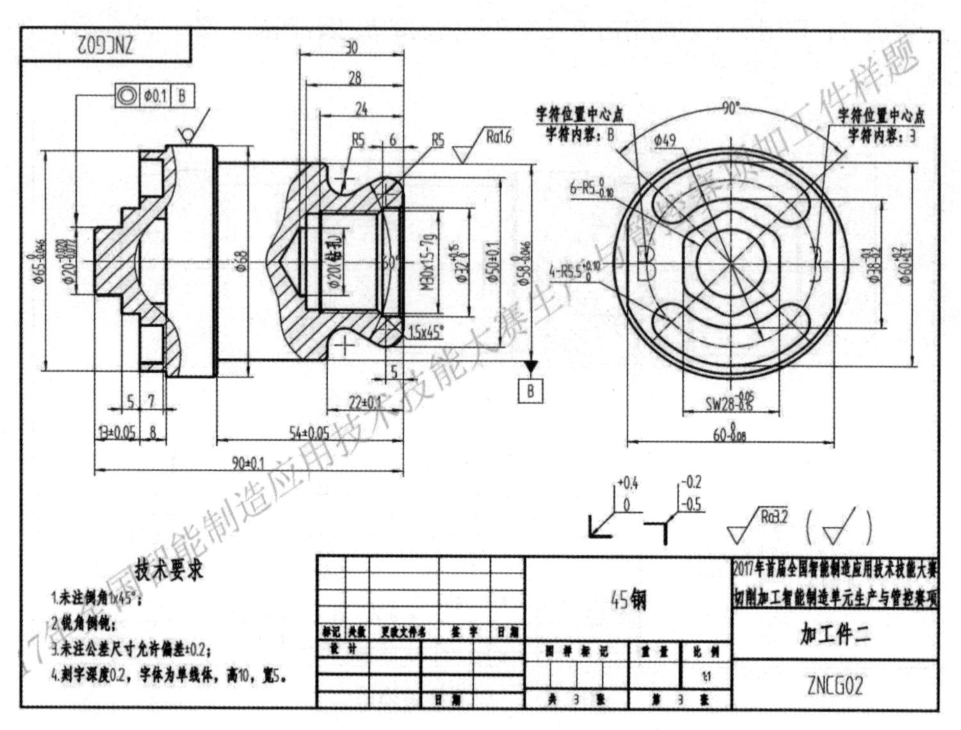

图 4-37　加工件二

第二节　数控机床操作使用注意事项

一、机床操作

（1）在开机后注意检查 PLC 开关和 P 参数（主要看安全门、卡盘松紧信号的开关状态），可能出现按开关门和虎钳按钮无动作。

（2）当回零方向不对，回到的不是零点位置时，检查对应的轴参数回参考点参数。

（3）当遇到急停打不开，报出超限位时，一般为零点位置被修改导致压到硬限位开关，首先应改大对应逻辑轴软限位值，再按住超程接触移动对应轴即可。

（4）定向脉冲参数需要先增大逻辑轴 2 中第二参考点值，适当抬高，再在 PLC 开关中打开单步调试。当卡口处于主轴下方时，观察，适当减少第二参考点的值，适当下降，再确定定向脉冲值。

二、探头

（一）9810

格式：G90/G91 G65 P9810 Z_ F1000

例如：G65 P9810 Z20 F1000

解释：在探头从 Z0 位置移动到 Z20 位置时，如果中途遇到非预期障碍物，会报警，在把探头放入刀库前可慢走测量主程序检测 9810 是否有效，防止 9810 无效扎坏探头。

（1）9810 后面的值在目标点 10 ～ 15 之间最好，差距较大时，可能出现第二次不回退报警；

（2）在使用探头时，若第二次测量不回退且不报警时，请检查宏变量中的 #609，该值为第二次测量速度。

（二）9801

格式：G90/G91 G65 P9801 Z_ H_F200

在使用长度标定时，系统直接基于机床坐标系进行计算，故不能使用 G43 刀具长度偏置。

Z：标定表面的公称位置，可以用 G90 或 G91 的方式进行设定，但必须保证 *Z* 轴的目标位置在负方向。

动作：

（1）*Z* 轴由当前点向目标点移动；

（2）碰触到标准平面后；

（3）返回测量初始点，测量结束。

结果：计算出测量得到的位置与公称位置的差值并将其保存到 #54104 以及 H 代表的刀偏中。

（三）9803

格式：G90/G91 G65 P9803 D_ F200

D：环规的精确尺寸。

动作：

（1）*X* 负方向、*X* 正方向先后进行 2 次测量移动；

（2）返回两个碰触点的中心位置，保证测球在 *X* 方向中心点上

（3）*Y* 负方向、*Y* 正方向先后进行 2 次测量移动；

（4）返回两个碰触点的中心位置，保证测球在 *Y* 方向中心点上；

（5）X负方向、X正方向再次进行 2 次测量移动；

（6）返回两个碰触点的中心位置。

（四）9812

测量凸台长宽（需要测量四个点，因为测量结果是去平均值）。例如，测量一个长 20、宽 20 的物体。

第一个点：

G65P9810X15Y0F1000

G65P9810Z-3F1000

G65P9812X10F200

G65P9810Z10F1000

第二个点：

G65P9810X-15Y0F1000

G65P9810Z-3F1000

G65P9812X-10F200

G65P9810Z10F1000

第三个点：

G65P9810Y-15X0F1000

G65P9810Z-3F1000

G65P9812Y-10F200

G65P9810Z10F1000

第四个点：

G65P9810Y15X0F1000

G65P9810Z-3F1000

G65P9812Y10F200

G65P9810Z10F1000

（五）9814

内圆：测量和半径标定一样。

外径：测量程序与 9812 类似。

三、加工注意事项

（1）注意机器人放料初始卡盘的松紧信号状态，防止工件掉落砸到护板。

（2）注意机器人进车、铣床放料期间的气动门信号，防止夹到机器人手臂。

（3）注意车床顶料过程中的顶料状态，注意观察。

（4）注意加工进给与转速。

（5）切槽需特别注意进给。

（6）注意检查刀具是否紧到位。

（7）注意飞刀。

（8）加工过程一定注意关门。

（9）注意铣床换刀位置。

（10）注意机床零点位置，一定开机回零。

（11）注意车刀刀具间的干涉。

（12）工件放入铣床中注意防止虎钳位置尽量中间偏下，气动夹紧过程中会造成位置偏移。

（13）模板程序参考问题只做加工参考程序，注意加工完成代码 M100。

（14）复位程序可以借鉴加工参考程序，可去掉 M103，M150，M100 等代码，空运行程序是否可行。

（15）探头测量程序在加工程序之后的调用，注意探头测量程序的试运行。

（16）注意刀库刀套和刀号不对应问题，以机床面板显示为主。

（17）车床加工程序嵌套样例，仅供参考。

```
%1234
M111      ；安全门关
M128      ；CNC 加工中
          ；插入顶料程序段和加工程序段
M103      ；预完成信号
M05       ；关主轴
M09       ；关冷却
G91 G28 Z0；移动到原点
G91 G28 X0
M150      ；换料点确认
M110      ；气动门开
M100      ；加工完成信号
M30
```

第五章　MES 系统操作

第一节　概　要

一、智能产线 MES 系统简介

智能产线 MES 系统是部署在电脑上的、运用于自动产线的控制系统。它对产线上的机床、ROBOT、测量仪等设备的运行进行监控，并提供方便的可视化界面展示所检测的数据。同时，智能产线 MES 系统可以完成数据的上传下达，将数据（报工、状态、动作、刀具等）上报、将生产任务和命令（CNC 切入切出控制指令、加工任务）下发到设备。

二、人机界面构成

智能产线 MES 页面如图 5-1 所示。

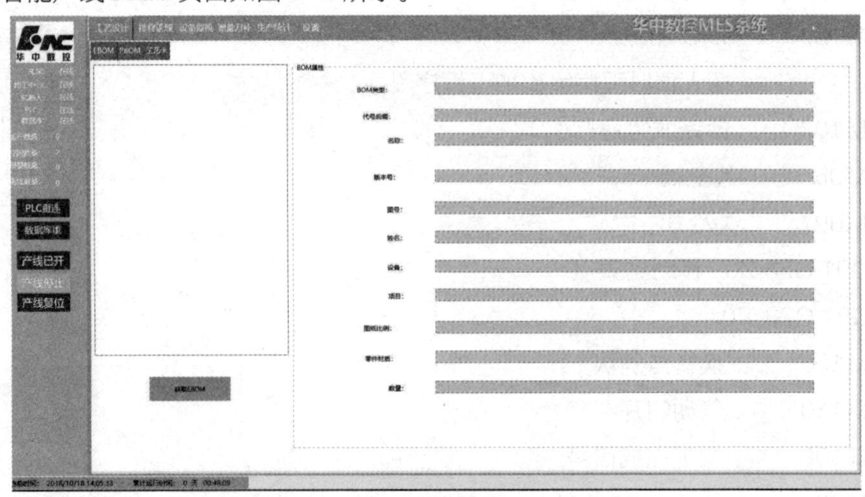

图 5-1　智能产线 MES 页面

菜单栏区：菜单栏包括文件选择按钮、编辑按钮、查看按钮、参数按钮和帮助按钮，其中“编辑”可以按需要更换软件背景色和中英文的切换，“帮助”可查看软件版本。

机床设备状态：当前机床的实时运行状态，包括离线、空闲、运行、报警状态。

设备状态：当前机床、PLC、机器人的实时在线状态。

标签栏区：显示各个功能页面的标签。

功能显示和设置区：显示当前功能标签下的主要内容，包括相关数据显示和设置。

系统时间区：显示当前系统时间、系统累计运行时间以及报警信息。

PLC 重连：当 PLC 显示状态为离线时点击“PLC 重连”按钮，MES 软件会尝试连接 PLC。

产线启动：点击“产线启动”按钮，产线启动，可下发订单进行加工；产线启动按钮在用户登录下有效，用户如果没有登录，产线启动会给出登录提示。

产线停止：点击“产线停止”按钮，产线停止，不能下发订单。

产线复位：点击“产线复位”按钮，机床执行 HOME 程序，复位设备。

三、监控设备介绍

智能产线 MES 系统主要用于监控产线设备的运行和上传下达任务，主要监测对象是机床、RFID、工业机器人、料仓和测量仪。

机床：智能产线上使用的机床，负责工件加工。

工业机器人：智能产线上使用的机器人，负责上下料。

测量仪：智能产线上使用的测量仪器，测量工件尺寸。

RFID：智能产线上使用的 RFID，用于记录工件信息。

料仓：显示物料信息，点亮五色灯区分物料状态。

四、模块和功能划分

产线总控一共划分为 6 个模块。

（1）BOM 模块，子模块为 EBOM 和 PBOM 模块。

（2）排成管理模块，子模块为排程和程序管理模块。

（3）设备监视模块，子模块为机床、机器人、料仓、监视、报警模块。

（4）测量刀补模块，子模块包含测量模块和刀补模块。

（5）测试模块，子模块包含机床测试、机械手测试、料仓测试、手动试切模块。

（6）设置模块，子模块包含网络设置、机床设置、产线设置、用户管理和日志模块。

第二节　排程管理

一、BOM 功能

PMD 生成 EBOM、PBOM 和工艺卡的操作详见视频说明。

EBOM、PBOM 和工艺卡内容的加载和显示如图 5-2 所示。

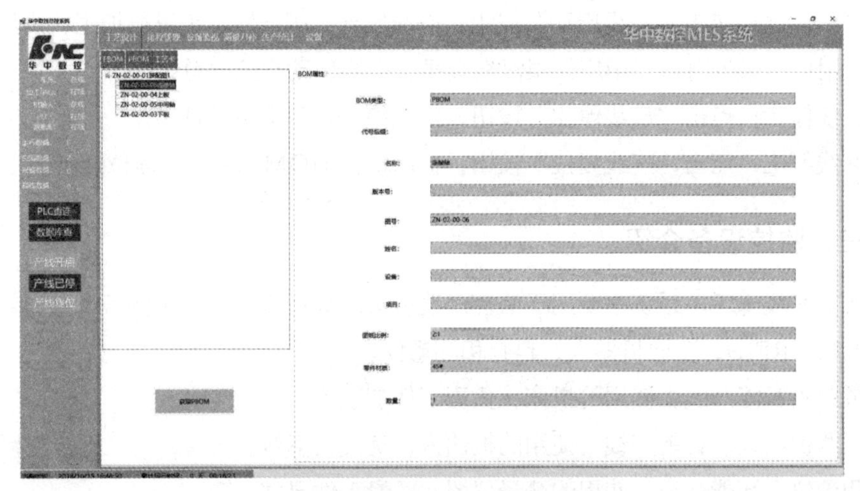

图 5-2　BOM 页面

（一）EBOM

在 PDM 软件界面完成 EBOM 内容的生成和下发之后在 EBOM 界面左下方点击“获取 EBOM”按钮，即可获取 PDM 软件生成的 EBOM 数据，点击结构数据上的具体图号，可展示该图号的信息（图 5-3、图 5-4）。

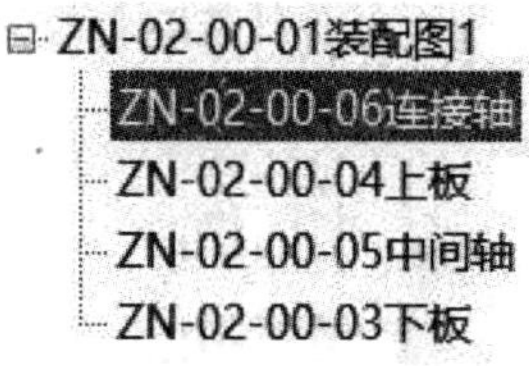

ZN-02-00-01装配图1
ZN-02-00-06连接轴
ZN-02-00-04上板
ZN-02-00-05中间轴
ZN-02-00-03下板

图 5-3　EBOM 结构

BOM属性
BOM类型:
PBOM
代号后缀:
名称:
连接轴
版本号:
图号:
ZN-02-00-06
姓名:
设备:
项目:
图纸比例:
2:1
零件材质:
45#
数量:
1

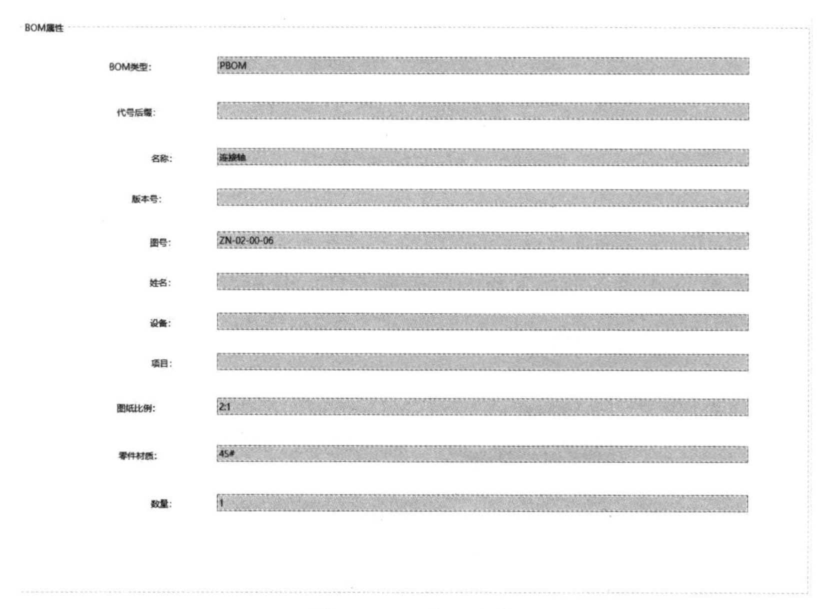

图 5-4　BOM 内容

（二）PBOM

在 PDM 软件界面完成 PBOM 内容的生成和下发之后在 EBOM 界面左下方点击“获取 PBOM”按钮，即可获取 PDM 软件生成的 PBOM 结构树，点击结构树上的具体图号，可展示该图号的信息（图 5-5、图 5-6）。

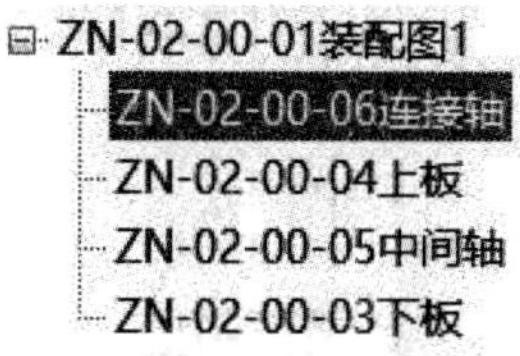

ZN-02-00-01装配图1
ZN-02-00-06连接轴
ZN-02-00-04上板
ZN-02-00-05中间轴
ZN-02-00-03下板

图 5-5　PBOM 结构树

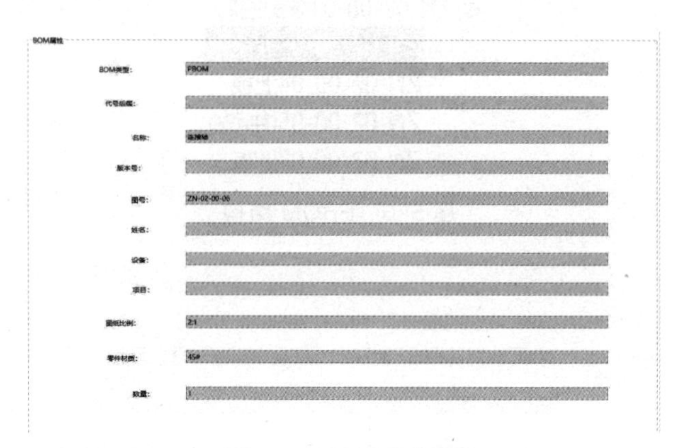

图 5-6　PBOM 内容

（三）工艺卡

通过 PDM 软件完成在工艺卡界面选择需要展示的对象，如图 5-7 所示。

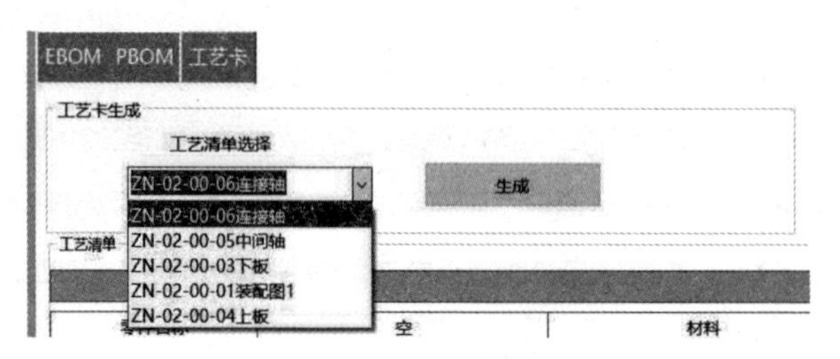

图 5-7　工艺卡选择

选择生成后即可获取工艺卡上所展示的工艺内容（图 5-8）。

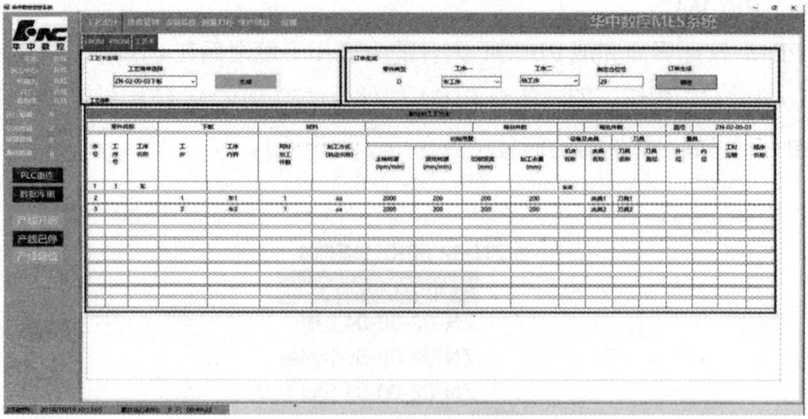

图 5-8　工艺卡内容展示

在获取工艺卡信息后，界面上方自动生成一个订单的内容，用户输入仓位号即可生成一个加工订单，订单将会插入到订单管理页面的订单列表中。

A 种物料对应 1 ～ 12 号仓位；

B 种物料对应 13 ～ 24 号仓位；

C 种物料对应 25 ～ 27 号仓位；

D 种物料对应 28 ～ 30 号仓位。

二、生产排程

订单执行功能用于生成、下发、撤销、删除，用于选择订单工件的执行操作，包括上料、下料、换料、自动加工等操作。订单页面见图 5-9。

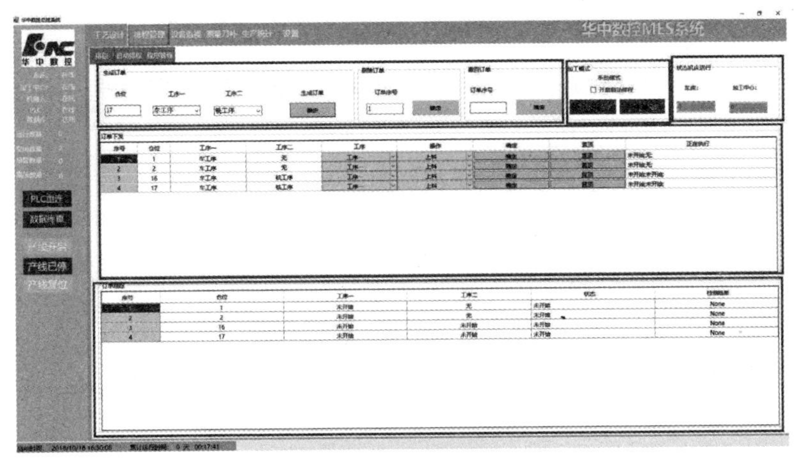

图 5-9　订单页面

（一）手动与自动模式

MES 有手动和自动两种加工模式（图 5-10）。

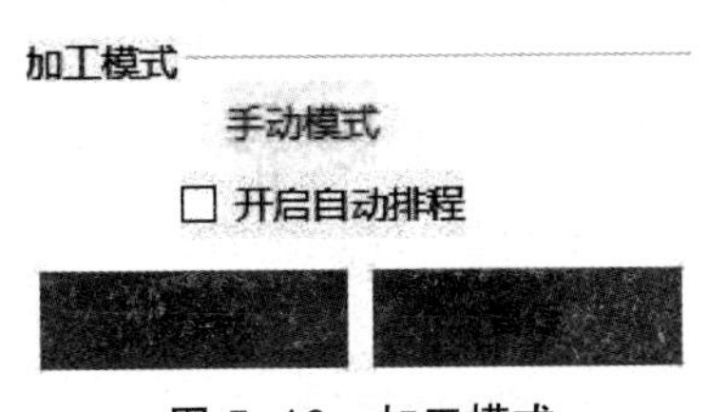

图 5-10　加工模式

开启自动排程：勾选开启自动排程后，加工模式切换为自动加工，手动任务将不能下发。

开始：勾选开启自动排程选项后，开始按钮激活，MES 根据排程参数进行排产，并将任务下发到设备，直到所有自动状态的订单全部执行完毕。

暂停：点击“暂停”按钮后，自动加工暂停，不再下发任务到设备。自动模式启动有以下几个条件：

（1）MES 界面上的“产线启动”按钮按下。

（2）订单所需机床必须在线。

（3）PLC 在线。

（4）机器人在 HOME 点，并且空闲。

（5）没有正在进行的工序。

（6）所有自动状态的订单的仓位都有物料。

（7）两台机床在线。

自动模式下，订单会执行，如果执行过程中出现以下情况自动模式停止并切换回手动模式：

（1）MES 界面上的“启动自动排程”关闭。

（2）所有自动模式订单执行完成。

（3）PLC 或者机床离线。

（4）机床报警。

（5）当前要执行的订单没有匹配的加工程序。

（6）测量不合格。

（7）将要执行加工的仓位上没有物料。

（二）生成订单

用于配置并生成订单。

仓位：要生成的订单绑定的仓位号。该仓位号不能与订单下发列表的仓位编号重复。

工序一：选择第一道工序，“无”表示没有第一道工序，“车工序”表示第一道工序是车加工，“铣工序”表示第一道工序是铣加工。

工序二：同工序一，工序一和工序二不能为相同工序。

生成订单：点击生成订单后，将根据配置生成一个订单，在订单下发和订单跟踪表格生成对应的订单。

如图 5-11 所示，订单内容是 4 号仓位物料进行铣加工。生成订单时必须保证以下两个条件：

（1）仓位编号为 1 ～ 30 的数字。

（2）两个工序不能相同。

（3）订单表格中没有相同仓位号的订单。

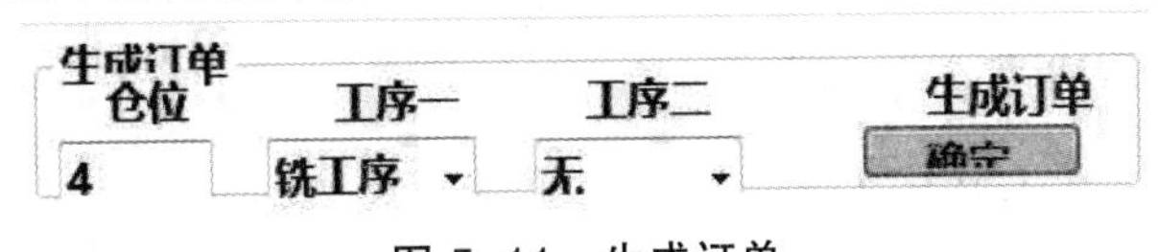

图 5-11　生成订单

（三）订单下发

订单下发表格用来显示当前所有订单的仓位信息、工序信息和订单下发、返修工序选择以及返修状态下发等功能。

序号：订单序号，根据订单生成时间排序，新的订单排在最后。

仓位：订单绑定的仓位编号。

工序一：显示第一道工序内容，"无"表示无此道工序。

工序二：显示第二道工序内容，"无"表示无此道工序。

工序：选择工序，可以是工序一或者工序二，但是该工序的内容不能为无。

操作：对选择好的工序，选择对应的操作，包括上料、下料、换料、自动。

确定：点击"确定"按钮，下发执行命令给 PLC，PLC 控制对应的操纵完成。

正在执行：第一个分号前显示工序一的执行状态，第二个分号前显示工序二的执行状态。

车床的状态包括未开始、上料中、上料完成、加工中、加工完成、下料中、下料完成。

加工中心的状态包括未开始、上料中、上料完成、加工中、加工完成、返修中、下料中、下料完成。

操作下发成功的条件：

（1）MES 界面上的"产线启动"按钮按下。

（2）订单所需机床必须在线。

（3）PLC 在线。

（4）机器人在 HOME 点，并且空闲。

（5）上料操作的条件。对应的机床运行状态物料号为 0，即机床无料，当前选择工序为未开始状态，物料在料仓中（图 5-12）。比如图 5-9 中，序号 1 的订单工序一上料操作成功下发的条件是：

①产线启动状态。

②车床在线。

③ PLC 在线。

④机器人在 HOME 点并且空闲。

⑤车床没有物料，即车床运行显示为 0。

⑥工序一的状态是未开始。

⑦ 1 号物料正放在料仓中。

图 5-12　机床当前加工的物料编号

（6）下料操作的条件。对应的机床运行状态物料号为所选定的仓位号，当前选择工序为加工完成状态，物料在机床中。比如图 5-9 中，序号 1 的订单工序一下料操作成功下发的条件是：

①产线启动状态。

②车床在线。

③ PLC 在线。

④机器人在 HOME 点并且空闲。

⑤车床装有 1 号物料。

⑥工序一的状态是加工完成。

⑦ 1 号物料装在车床。

（7）换料操作的条件。对应的机床运行状态物料号为 M，即机床有料并且该物料处于加工完成状态，当前选择工序为未开始状态，物料在料仓中。比如图 5-9 中，3 号订单和 4 号订单，用 4 号物料换加工中心的 3 号物料，成功下发的条件是：

①产线启动状态。

②铣床在线。

③ PLC 在线。

④机器人在 HOME 点并且空闲。

⑤加工中心运行显示为 3。

⑥ 3 号物料的铣工序是加工完成状态，4 号物料的铣工序是未开始状态。

⑦ 3 号物料放在铣床中，4 号物料放在料仓中。

如果订单下发不成功，MES 界面会给出对应的提示信息。

如果订单下发成功，那么在订单跟踪列表中，订单状态将会变成进行中（图 5-13）。

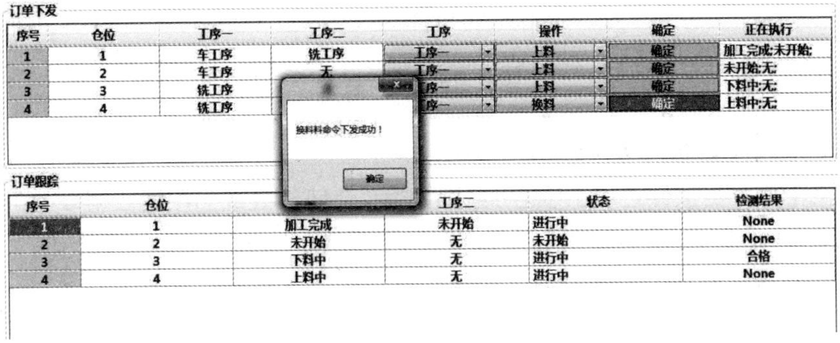

订单下发

序号	仓位	工序一	工序二	工序	操作	确定	正在执行
1	1	车工序	铣工序	工序一	上料	确定	加工完成:未开始;
2	2	车工序	无	工序一	上料	确定	未开始:无;
3	3	铣工序		序一	上料	确定	下料中:无;
4	4	铣工序		序一	换料	确定	上料中:无;

换料料命令下发成功！

确定

订单跟踪

序号	仓位		工序二	状态	检测结果
1	1	加工完成	未开始	进行中	None
2	2	未开始	无	未开始	None
3	3	下料中	无	进行中	合格
4	4	上料中	无	进行中	None

图 5-13　订单下发

（四）订单跟踪

订单跟踪表格用来记录所有订单的状态，表格内的订单与订单下发表格内容一致。

序号：按照订单生成的顺序生成，与订单下发序号一致。

仓位：订单对应的仓位编号。

工序一：显示工序一的执行状态，包括无、未开始、上料中、上料完成、加工中、加工完成、返修中、下料中、下料完成。

工序一：显示工序二的执行状态，包括无、未开始、上料中、上料完成、加工中、加工完成、返修中、下料中、下料完成。

状态：显示订单的状态，包括未开始、进行中、完成。

订单：表示订单的执行状态，“未下发”表示该订单还没有下发；“进行中”表示该订单正在执行；“完成”表示该订单已经加工完成；“待返修”表示该订单已经加工完成，并且检测不合格。

检测结果：显示当前订单检测结果。“None”表示当前订单还没有执行检测；“Yes”表示该订单生产的工件检测合格；“No”表示该订单生产的工件检测不合格（图 5-14）。

订单跟踪

序号	仓位	工序一	工序二	状态	检测结果
1	1	加工完成	未开始	进行中	None
2	2	未开始	无	未开始	None
3	3	加工完成	无	进行中	None
4	4	未开始	无	未开始	None

图 5-14　订单跟踪

（五）工件返修与取料

返修工序：当工件进加工中心加工完成后，MES 会取到测量数据并给出测量结果，提示用户进行“返修”或者“不返修”，当用户选择“返修”时，加工中心会再次加工一次，直到用户选择“不返修”后，通过订单下发表格选择“下料”或者“换料”。

返修下发成功要保证以下几个条件：

（1）PLC 在线。

（2）产线开启。

（3）加工中心在线。

（4）产线没有正在执行启动、停止、复位流程。

（5）产线没有正在执行 MES 写入、HMI 写入流程。

（六）删除订单

输入订单的序号（订单下发表格的第一列编号），如果该订单处于“未下发”“完成”“撤回”状态，则可以在订单下发表格中删除该订单。

如果用户希望对同一个仓位的物料进行反复加工，可以在加工完成后，删除该订单，然后在料仓页面初始化该料位。这样该物料即可恢复成待加工状态，并对其生成新的订单（图 5-15）。

图 5-15　删除订单

（七）撤销订单

输入订单的序号，如果该订单处于“进行中”状态或者订单执行出现报警，可以撤销该订单，订单状态将会变更为“撤销”，同时该物料状态会变更为“异常”。撤销订单后操作者可根据实际情况删除订单、初始化物料状态，此操作后可对该物料再次生成订单。

撤销订单只是将 MES 下达给 PLC 的命令清除，无法清除 PLC 和机器人及机床的流程。需要操作者手动恢复设备状态。

撤销订单功能为特殊状态下的处理，不可随意使用（图 5-16）。

图 5-16　撤销订单

三、自动排程

设置自动排程参数如图 5-17 所示。

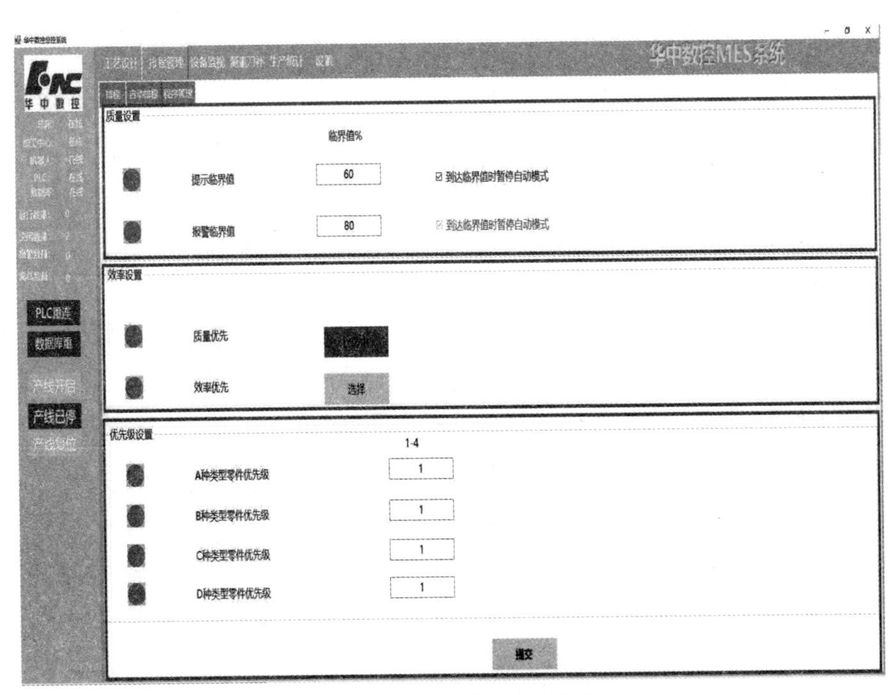

图 5-17　自动排程参数设置

（一）质量设置

提示临界值：在测量数据误差达到临界值时，MES 给出提示或者暂停自动执行。如果只是给出提示，加工继续执行。如果选择暂停，那么加工暂停并由用户修复不利因素后，继续自动加工（临界值和是否停止执行由用户自由配置）。

报警临界值：在测量数据误差达到报警临界值后，MES 自动暂停自动执行。用户修复不利因素后，MES 继续自动加工（临界值可由用户设定）。

（二）效率设置

质量优先，订单混流执行，在机床空闲的情况下自动匹配其他订单，同时多个订单混流执行，提高生产效率。每次铣床测量完成后将会等待用户选择返修或者取料。

数量优先，订单混流执行、在机床空闲的情况下自动匹配其他订单，同时多个订单混流执行，提高生产效率。每次铣床测量完成后如果测量值在临界值内，机械手直接取料进行下一步生产；如果测量值在临界值外，将会暂停加工并由用户修复不利因素后继续执行加工。

（三）生产优先级设置

用户可选择 4 种零件的加工顺序，1 级为最先生产优先级，4 为最低优先级。比如优先完成 A 种物料的加工或者 D 种物料的加工，或者设置同等级。

以上三种设置质量为最优先考虑的因素，其次在确保质量的情况下进行效率的优化，最后考虑零件种类匹配。

在用户配置了自动排程参数后，MES 将会兼顾用户设置，优化加工路径，自动完成订单的加工。

（四）排产原则

原则 1：当产品测量尺寸超过临界值或者尺寸不合格时，加工将会暂停。

原则 2：当选择质量优先时，每次铣床加工后将会等待用户选择返修或者不返修，才会下料。

原则 3：双工序的订单必须完成第一道工序才能进行第二道工序。

如下列订单，以质量优先，A，B，C，D 优先级都为 1。1～6 号仓当前等待加工的工序列表是车、车、车、车、铣、铣。当机床空闲时，MES 会自动匹配工序列表里面的车工序和铣工序，执行上料和下料。上述列表中车床一次将 1 仓位、2 仓位、13 仓位、14 仓位的物料上到车床进行加工，27 号仓位、30 号仓位的物料上到铣床进行加工。当 13 号仓位和 14 号仓位的车床工序执行完成后，将会自动插入第二道工序到铣床中进行加工。自动排程实现混流，同时加工，自动匹配（图 5-18）。

订单下发

序号	仓位	工序一	工序二	工序	操作	确定	置顶	正在执行
1	1	车工序	无	工序一	自动	确定	置顶	上料中;无;
2	2	车工序	无	工序一	自动	确定	置顶	未开始;无;
3	13	车工序	铣工序	工序一	自动	确定	置顶	未开始;未开始;
4	14	车工序	铣工序	工序一	自动	确定	置顶	未开始;未开始;
5	27	铣工序	无	工序一	自动	确定	置顶	未开始;无;
6	30	铣工序	无	工序一	自动	确定	置顶	未开始;无;

图 5-18　订单列表

四、加工程序

加工程序有两种方式派发：自动派发和手动派发。

（一）自动派发加工程序

在订单页面，点击“订单下发”按钮后，MES 会自动搜索并匹配响应的加工程序文件。如果 MES 没有匹配的文件，那么提示“没有匹配的加工程序，下发订单失败”；如果存在匹配的加工程序文件，那么将文件下发到机床并加载到机床。

自动派发加工程序 MES 需要匹配相应的加工程序，加工程序和存储位置必须按以下规定：

（1）存放目录如图 5-19 所示。

图 5-19　加工程序目录

（2）命名规则如图 5-20 所示。

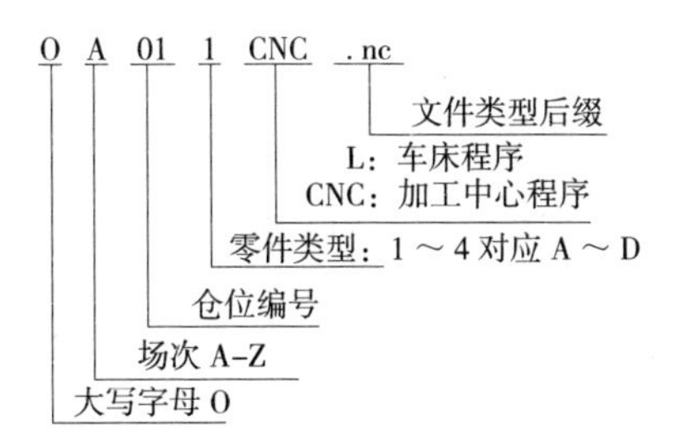

图 5-20　加工程序命名规则

车床回零程序名称为 OHOMEL.nc，加工中心回零程序名称为 OHOMECNC.nc。

（二）手动派发加工程序

手动派发的加工程序文件只能作为子程序，不会被机床加载，该程序只能作为子程序被主程序调用。比如，可将 OA011CNC.nc 程序作为主程序，在下发订单的时候自动加载到机床上，可将测量相关程序 O9998.nc 作为子程序，在下发订单之前将 O9998.nc 通过手动派发的方式派发到加工中心。

加工程序模块主要用来选择 G 代码，并将 G 代码下发到机床。

添加 G 代码：点击“添加 G 代码”按钮，可打开文件选择界面，选定需要加载的程序，程序即可罗列到界面的表格中。

删除 G 代码：勾选表格中的 G 代码，点击“删除 G 代码”按钮即可删除该 G 代码。

下传 G 代码：勾选对应的 G 代码和机床编号，可将 G 代码下传到对应的机床中。如图 5-21 所示，如果点击“下传 G 代码”，那么 O0023 和 O2020 将会被下传到编号为 E001 的机床中。

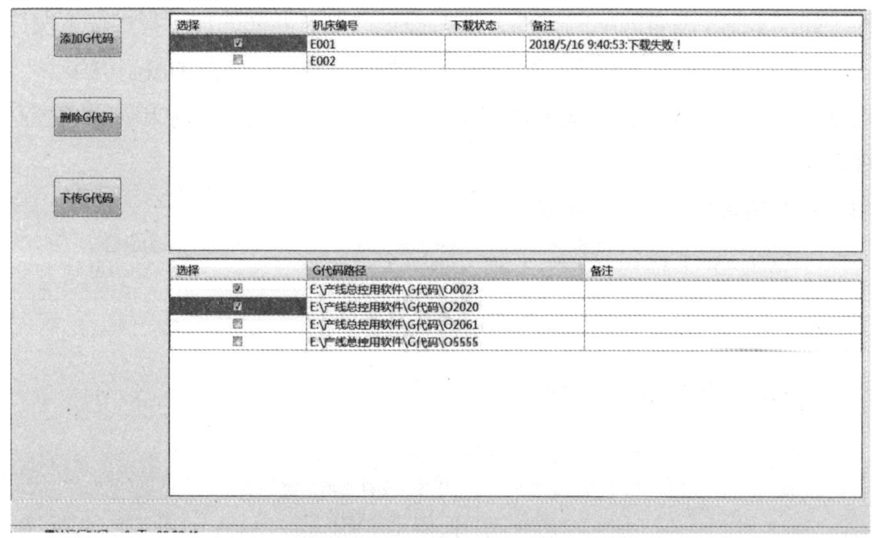

图 5-21　加工程序页面

第三节　设备监视

一、机床

机床页面显示机床的相关信息，如连接状态、IP、端口、系统版本及机床系统的相关参数信息。

（一）机床系统信息

连线状态：显示当前机床在线离线状态，在线为绿色，离线为灰色。

机台选择：选择需要查看的机床编号，系统信息和机床信息将会自动更新为当前机床的内容。

机台 IP 地址：显示当前机床的 IP 地址信息。

机台端口：显示当前机床的端口号，端口号用于区别信息的传输。

机台加工工序：显示当前机床的加工工序。

加工个数：显示当前加工完成的产品个数。

当前程序：显示当前机床正在运行的程序名称。

系统版本：显示当前机床控制器的系统版本，如图 5-22 所示。

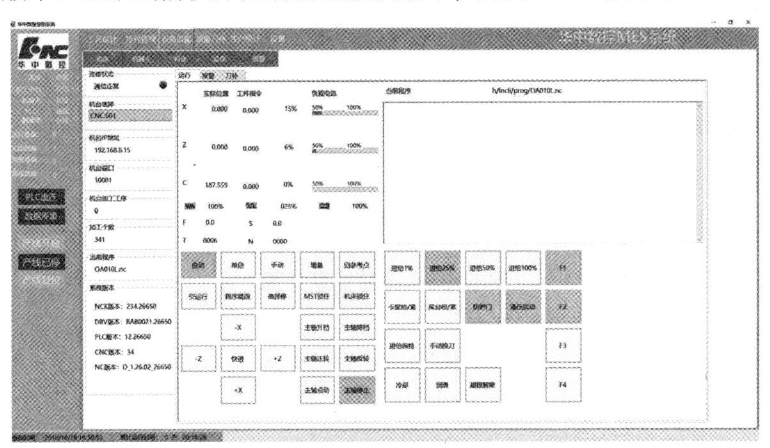

图 5-22　机床页面

（二）运行

实际位置：显示当前机床轴的实际位置。

工件指令：显示机床的工件指令。

1. 实时加工信息

负载电流：显示当前机床电机的实际负载电流。

F：显示当前进给轴的进给速度。

S：显示当前主轴的转速。

T：显示当前机床的道具号。

N：显示当前 G 代码执行的行数。

2. 加工程序

显示当前加工程序的代码，根据机床实际代码运行情况显示对应的代码路径、代码内容、正在运行的行数。

3. 机床控制面板

显示当前机床的控制面板，页面按钮与实际机床按钮作用一致。可根据机床的型号显示对应的面板和按钮。

（三）报警

显示当前机床报警信息（图 5-23）。

序号：报警产生序号，按报警产生时间先后排序，最近的报警排行为 1。

报警号：报警编号，每一个报警项都有固定的编号，相同报警的报警号相同。

报警内容：报警具体内容。

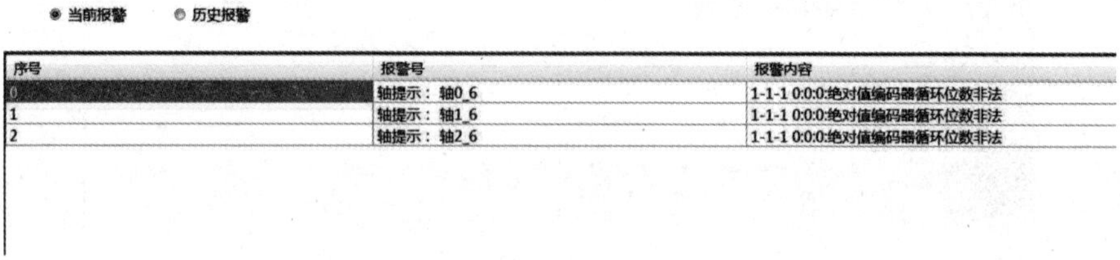

◉ 当前报警　◎ 历史报警

序号	报警号	报警内容
0	轴提示：轴0_6	1-1-1 0:0:0:绝对值编码器循环位数非法
1	轴提示：轴1_6	1-1-1 0:0:0:绝对值编码器循环位数非法
2	轴提示：轴2_6	1-1-1 0:0:0:绝对值编码器循环位数非法

图 5-23　报警信息页面

（四）刀具信息

显示当前机床刀补信息（图 5-24）。

刀编号：显示刀具的编号。

X 偏置：用于设置当前刀具的 *X* 偏置值。

Z 偏置：用于设置当前刀具的 *Z* 偏置值。

X 磨损：用于设置当前刀具的 *X* 磨损值。

Z 磨损：用于设置当前刀具的 *Z* 磨损值。

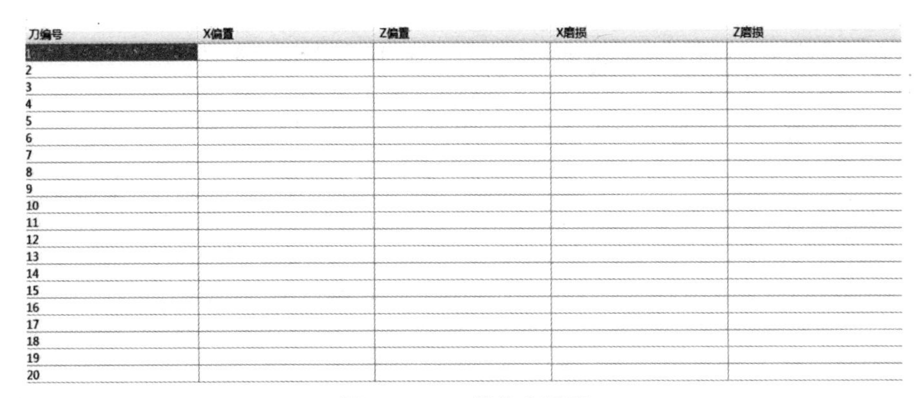

刀编号	X偏置	Z偏置	X磨损	Z磨损
1				
2				
3				
4				
5				
6				
7				
8				
9				
10				
11				
12				
13				
14				
15				
16				
17				
18				
19				
20				

图 5-24　刀具信息页面

二、机器人

机器人页面用于显示机器人的轴位置信息、状态信息、工作模式、是否在 HOME 点等（图 5-25）。

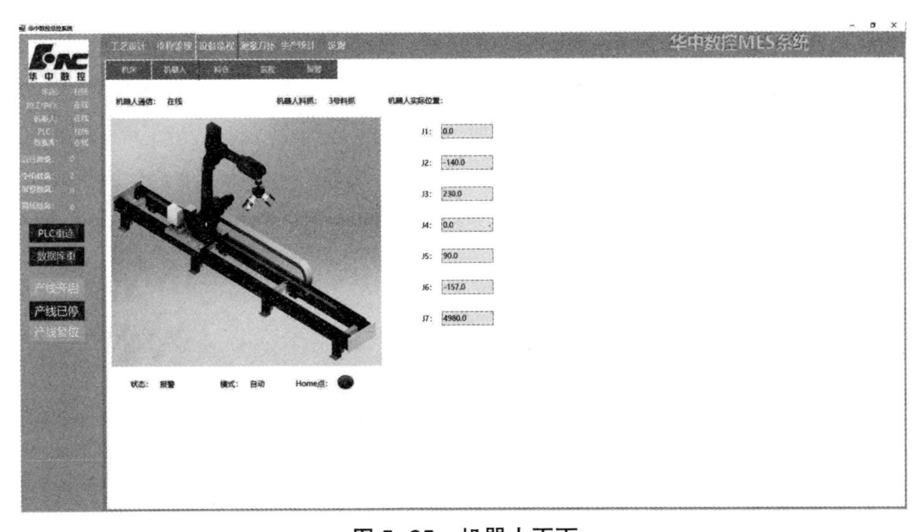

图 5-25　机器人页面

三、数字料仓

设置页面用来显示料仓信息，控制料仓五色灯（图 5-26）。

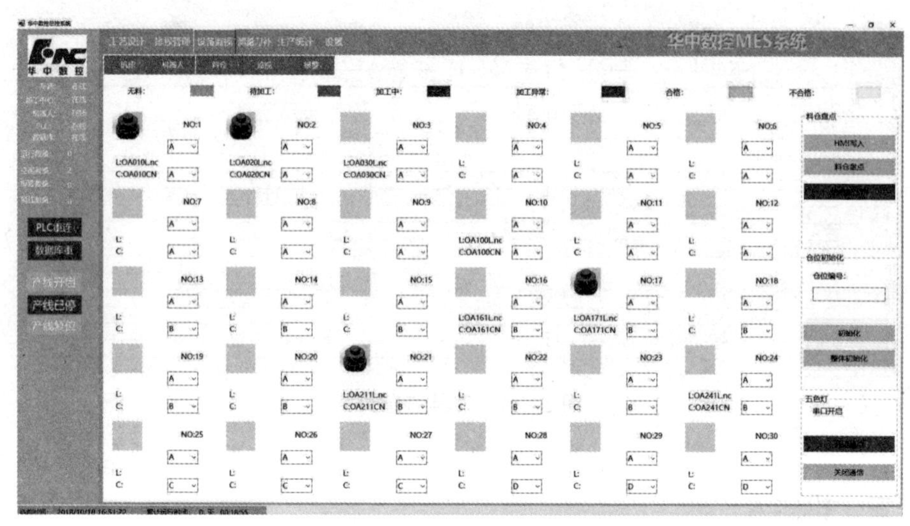

图 5-26 数字料仓页面

（一）料仓状态监视

料仓状态监视实时监视、跟踪并且记录 30 个仓位物料信息，并以不同颜色显示。

（二）物料信息设置

物料信息设置如图 5-27 所示，可选择物料的场次信息和材质信息。

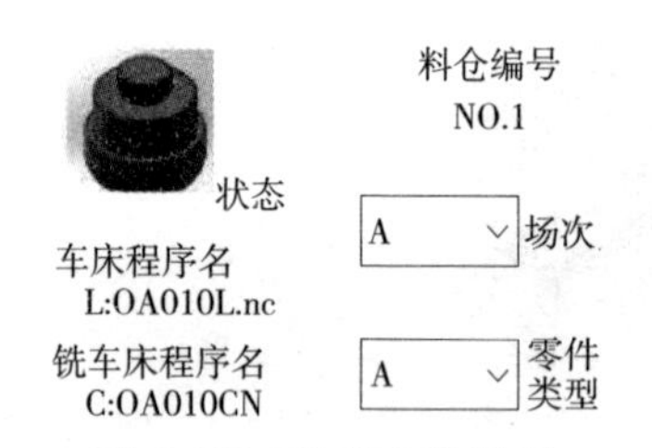

图 5-27 物料信息设置

（三）加工程序监视

如果物料的场次、材质等信息设置完成，总控电脑中有相应的加工程序，那么加工程序名称将会显示；如果没有加工程序名称的显示，表示当前物料缺少加工程序，在下发上料操作时会提示“没有匹配的加工程序，订单下发失败！”。

（四）料仓盘点

HMI 写入：机器人与 PLC 协同轮询 30 个 RFID ，将 HMI 上设置的仓位信息写入 RFID 芯片中，同时将信息同步到 MES，达到 MES，HMI，RFID 信息完全一致。此功能开始前需关闭信息同步功能。

料架盘点：机器人与 PLC 协同轮询 30 个 RFID，将 MES 设置的仓位信息同步到 PLC 并写入 RFID 芯片中，同时将信息同步到 MES，达到 MES，HMI，RFID 信息完全一致。此功能开始前需打开信息同步功能。

信息同步：点击“信息同步”按钮后，MES 将仓位信息同步给 PLC。

在正式加工开始前，点击“整体初始化”按钮，清除之前手动设置的物料信息，将物料放到料架上，点击“信息同步”按钮，点击“料架盘点”按钮，将订单和仓位信息写到 PLC 和 RFID。料架盘点完成后，在仓位状态发生变化时将状态同步给 PLC。

（五）料位初始化

可人工将指定仓位的物料初始化为无料。

料仓编号：设置需要初始化的仓位编号。

初始化：点击“初始化”按钮后，设定仓位的物料初始化为默认状态，场次 A，材质铝，类型 0，状态 0。

整体初始化：点击“整体初始化”按钮后，30 个仓位的物料全部初始化为默认状态，场次 A，材质铝，类型 0，状态 0。

（六）五色灯控制

控制料仓上五色灯的开启和关闭。

串口关闭：显示五色灯的通信状态，分别为串口关闭、串口开启、串口关闭失败、串口开启失败等状态。

开启通信：点击“开启通信”按钮，开启五色灯通信。

关闭通信：点击“关闭通信”按钮，关闭五色灯通信。

四、监视

摄像头配置和显示页面如图 5-28 所示。进行摄像头参数配置，显示摄像头内容。密码为 hnc8123456。

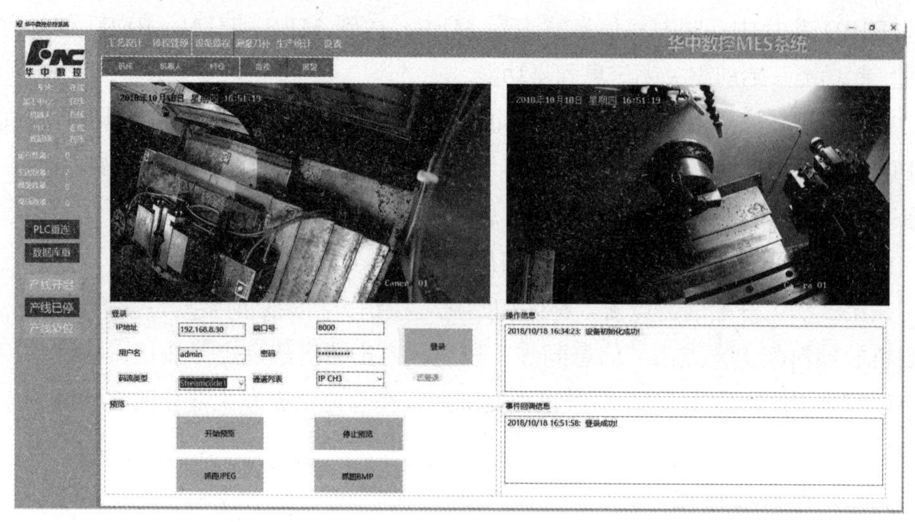

图 5-28　监视页面

（一）登录设置

登录设置是设置录像机的登录信息并登录录像机。

IP 地址：输入录像机的 IP 地址，必须与录像机的实际 IP 一致。

端口号：输入录像机的端口号，默认为 8000，必须与录像机的实际端口号一致。

用户名：输入录像机管理员用户名，必须与录像机的管理员用户名称一致。

密码：输入录像机管理员密码，必须与录像机的管理员密码 致。

码流类型：设置视频信号码流类型。

通道列表：录像机登录后会自动加载通道列表，不同的通道表示不同的摄像头。

登录：点击“登录”按钮，根据设定的参数登录录像机，并提示登录情况。

（二）预览

开启和关闭视频预览功能。

开启预览：点击“开启预览”按钮，如果设备已经登录，那么将播放监视画面。

关闭预览：点击“关闭预览”按钮，如果设备已经登录，那么将停止播放监视画面。

抓图 JPEG：点击“抓图 JPEG ”按钮，获取当前画面并保存为 JPEG 图片。

抓图 BMP：点击“抓图 BMP 按钮”，获取当前画面并保存为 BMP 图片。

（三）操作信息

显示视频监视模块的相关操作信息。

（四）事件回调信息

显示录像机登录的相关信息。

测量页面用于设定测量参数，显示测量结果。测量程序由加工中心完成，并将测量的结果写到 #40040 ～ #40045 的宏变量中。MES 通过比对宏变量的值与设定值来确定检测结果。

（五）报警

显示机床目前存在的报警。红色表示当前机床存在报警或者当前机床离线；绿色表示当前机床不存在报警并且机床在线（图 5-29）。

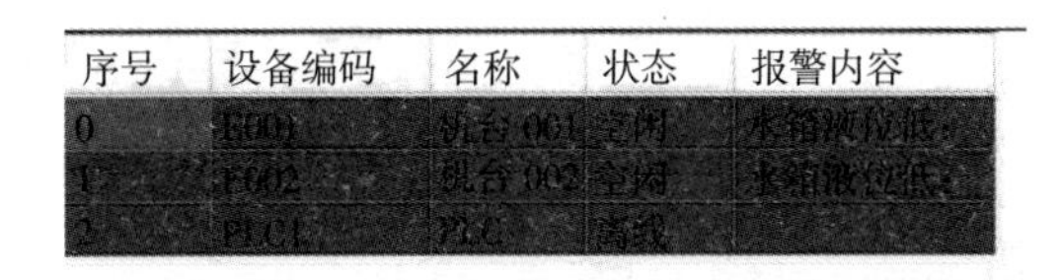

序号	设备编码	名称	状态	报警内容
0	E001	[illegible] 001	空闲	水箱液位低
1	E002	机台 002	空闲	水箱液位低
2	PLC1	PLC	离线	

图 5-29 监视页面

第四节 测量刀补

一、测量

测量页面用来设置测量参数，检测和记录测量结果（图 5-30）。

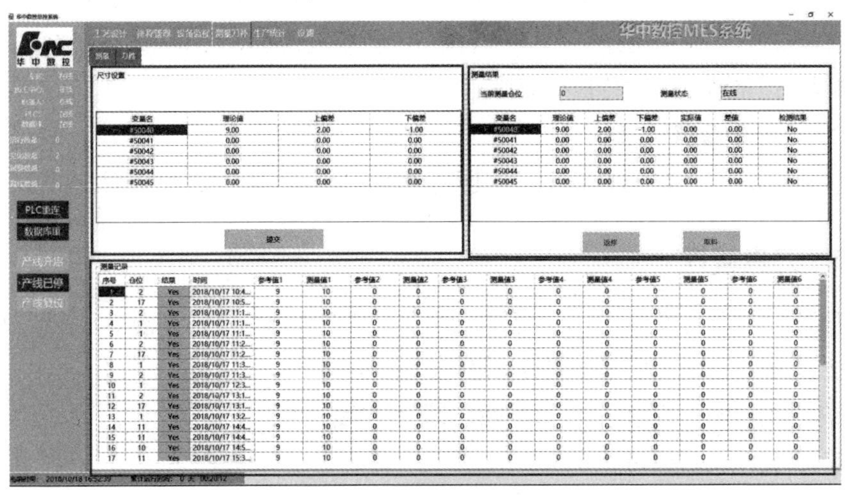

图 5-30 测量页面

（一）尺寸设置

设置测量的相关数据。

变量名：宏变量的名称。

理论值：设定该宏变量的理论值。

上公差：设定宏变量上公差，为正值。

下公差：设定宏变量下公差，为正值。

提交：点击“提交”按钮后，尺寸参数设定有效，修改尺寸参数后需提交一次才会有效。

（二）测量结果

显示测量结果。

变量名：宏变量的名称。

理论值：设定该宏变量的理论值。

上公差：设定宏变量上公差，为正值。

下公差：设定宏变量下公差，为正值。

实际值：加工中心每执行一次测量就会更新一次检测实际值。

差值：标准值与实际值的差值。

检测结果：加工中心每执行一次测量就会更新对应宏变量的检测结果。

当前检测仓位：显示当前检测结果对应的仓位编号。

测量状态：显示当前测量设备是否在线（即加工中心是否在线）。

返修：点击该按钮时将执行返修工序。在加工中心加工完成并弹出返修提示框后该按钮有效，直到用户选择了弹框中的按钮或者测量界面的按钮，该按钮将无效。

取料：点击该按钮时将执行取料工序。

（三）测量结果记录

以表格的形式保存当前最近 20 组测量数据，最新的数据在最下面。

二、刀具管理

刀具管理界面（图 5-31）用于显示当前机床的刀具信息，并设置刀补参数。

机台选择：选定需要显示刀具信息的机床编号。

机床通信状态：显示当前选定的机床是否在线。

刀号：显示刀具编号。

半径：显示刀具半径参数值。

长度：显示刀具长度参数值。

半径磨损：显示半径磨损参数值。

长度磨损：显示长度磨损参数值。

半径磨损修正：设定需要修正的半径磨损参数，该值将会累加给半径磨损。

长度磨损修正：设定需要修正的长度磨损参数，该值将会累加给长度磨损。

提交：点击“提交”按钮时，刀具磨损修正值将会累加到长度磨损中。

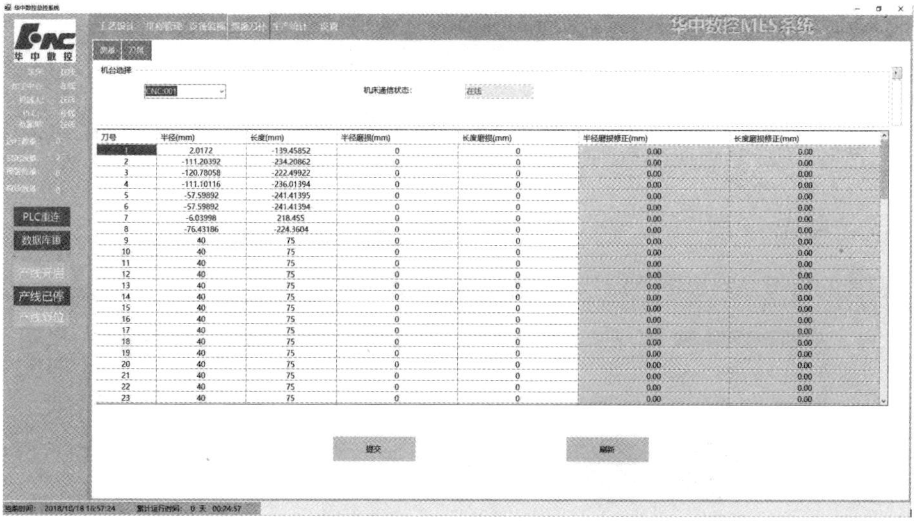

机台选择 CNC:001　机床通信状态：在线

刀号	半径(mm)	长度(mm)	半径磨损(mm)	长度磨损(mm)	半径磨损修正(mm)	长度磨损修正(mm)
1	2.0172	-139.45852	0	0	0.00	0.00
2	-111.20392	-234.20862	0	0	0.00	0.00
3	-120.78058	-222.49922	0	0	0.00	0.00
4	-111.10116	-236.01394	0	0	0.00	0.00
5	-57.59892	-241.41395	0	0	0.00	0.00
6	-57.59892	-241.41394	0	0	0.00	0.00
7	-6.03998	218.455	0	0	0.00	0.00
8	-76.43186	-224.3604	0	0	0.00	0.00
9	40	75	0	0	0.00	0.00
10	40	75	0	0	0.00	0.00
11	40	75	0	0	0.00	0.00
12	40	75	0	0	0.00	0.00
13	40	75	0	0	0.00	0.00
14	40	75	0	0	0.00	0.00
15	40	75	0	0	0.00	0.00
16	40	75	0	0	0.00	0.00
17	40	75	0	0	0.00	0.00
18	40	75	0	0	0.00	0.00
19	40	75	0	0	0.00	0.00
20	40	75	0	0	0.00	0.00
21	40	75	0	0	0.00	0.00
22	40	75	0	0	0.00	0.00
23	40	75	0	0	0.00	0.00

图 5-31　刀具页面之一

第五节　看　板

一、登录

登录界面用于用户登录，设置正确的用户名和密码即可登录看板网站。网站部署在本地，在浏览器的地址中输入 localhost 回车即可登录该网站（图 5-32）。

图 5-32　日志页面

二、首页

看板的首页是料仓的物料状态和信息的显示（图 5-33）。

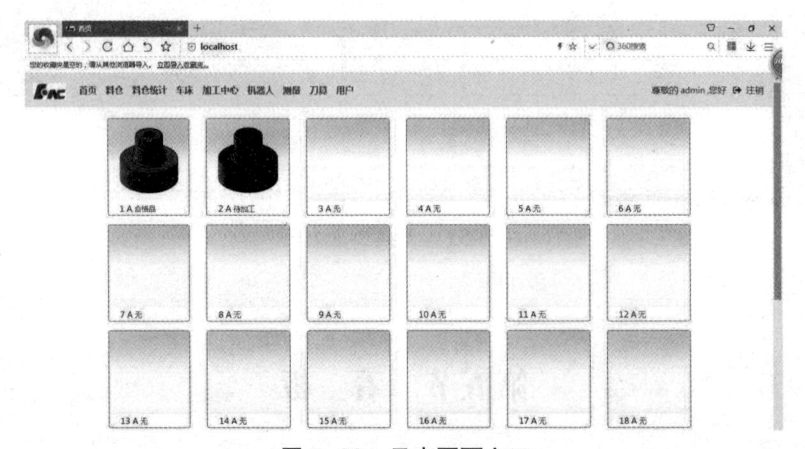

图 5-33　日志页面之二

三、料仓

料仓界面显示料仓各个种类和各个物料的状态信息（图 5-34）。

显示 10 项结果　　搜索：

序号	工件类型	状态	场次
1	A	合格品	A
2	A	待加工	A
3	A	无料	A
4	A	无料	A
5	A	无料	A
6	A	无料	A
7	A	无料	A
8	A	无料	A
9	A	无料	A

图 5-34　日志页面之三

四、料仓统计

料仓统计界面统计当前料仓物料信息（图 5-35）。

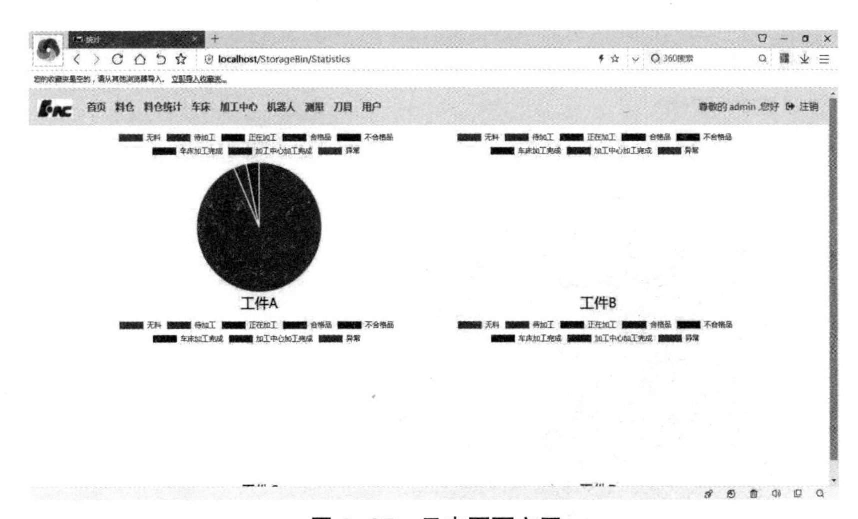

图 5-35　日志页面之四

五、车床

车床界面展示车床当前的工作状态和加工信息（图 5-36）。

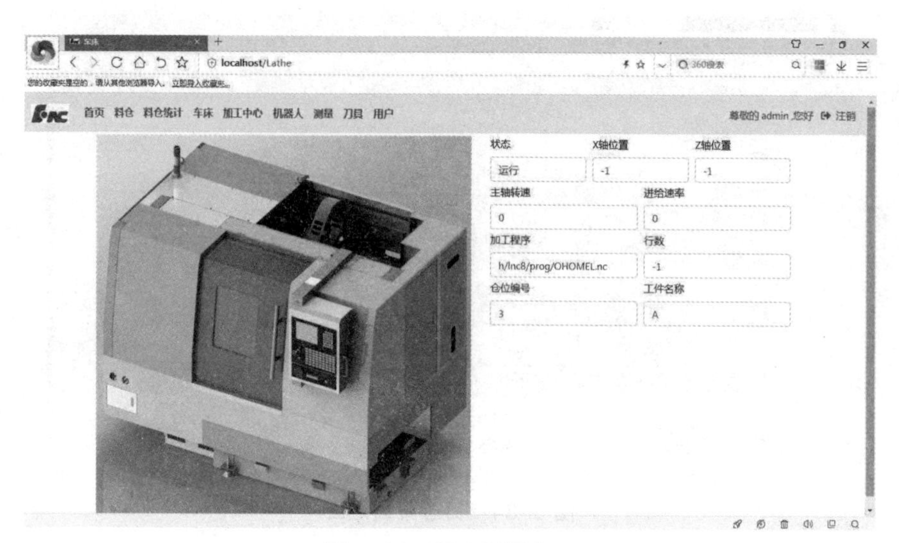

图 5-36　日志页面之五

六、加工中心

加工中心界面展示加工中心当前的工作状态和加工信息（图 5-37）。

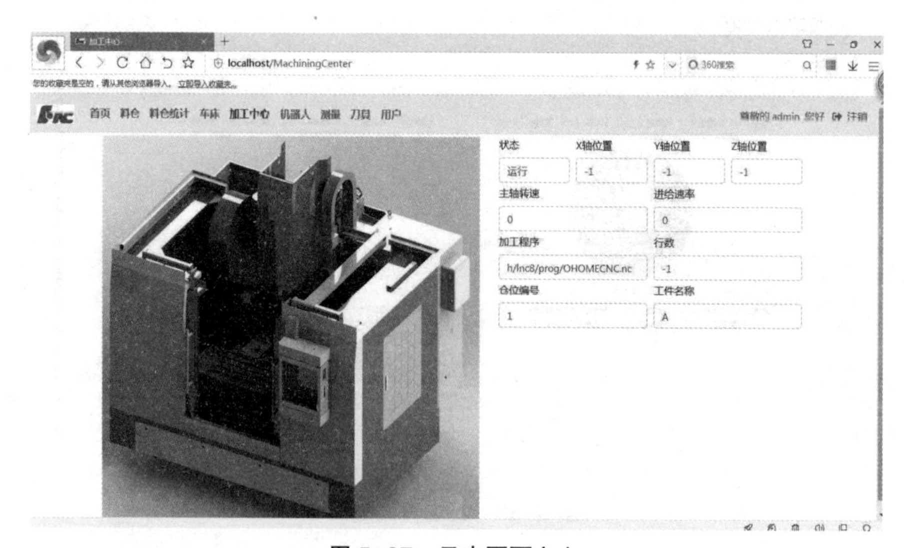

图 5-37　日志页面之六

七、机器人

机器人界面展示当前机器人的工作状态和位置信息（图 5-38）。

图 5-38　日志页面之七

八、测量

测量界面展示测量结果和详细测量信息，最新的测量信息在最上面（图 5-39）。

图 5-39　日志页面之八

九、刀具

刀具界面展示车床和加工中心的刀具信息（图 5-40）。

刀号	半径	半径磨损	长度	长度磨损
1	60	6.1	20	1.3
2	0	11	0	2.5
3	0	0	0	4
4	20	2.4	5	2
5	0	0	0	0
6	0	0	0	0
7	0	0	0	0
8	0	0	0	0

图 5-40　日志页面之九

十、用户

用户管理模块用于管理用户信息（图 5-41）。

图 5-41　日志页面之十

第六节　设　置

一、概要

设置页面是用来设置基本参数的，每一个产线系统在投入使用前必须在该页面设置好相关参数，包括产线设备配置、机床设置、网络设置等。

（一）用户管理

用户管理界面用于注册用户，用户登录。新用户需在注册区输入用户名和密码来注册用户，注册完成后在登录区登录即可。未登录时，当前用户为游客，不能启动产线生产（图 5-42）。

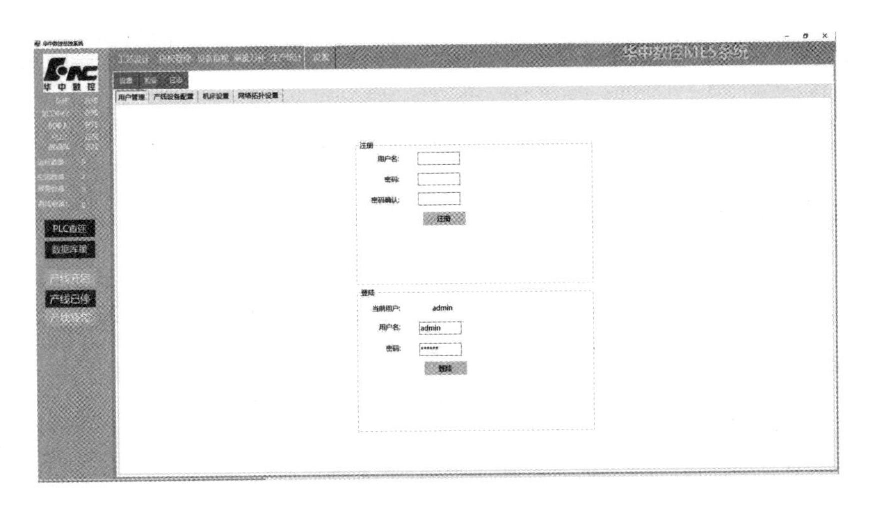

图 5-42　用户设置页面

只有在用户登录后才能开启产线，游客状态下没有启动产线的权限。

（二）产线设备配置

产线配置页面（图 5-43）用来配置整个产线所用设备。

数量：配置产线相应设备的个数。

车间：设置产线所在车间的名称。

产线：设置产线名称。

产线类型：目前为智能产线类型。

本地 IP 选择：工控机本地 IP，将其与产线系统对接的本地 IP 设为与产线机台 IP 所在 IP 段即可，启动产线系统后应先进入设置模块，选择好本机 IP，然后保存。

保存：保存当前设置到文件中，以便下次启动系统时读写。

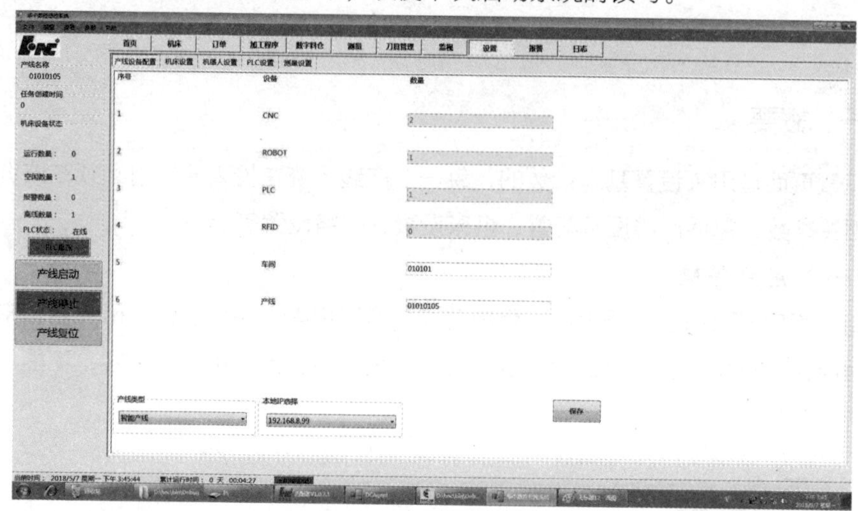

图 5-43　产线设置页面

（三）机床设置

机床设置页面（图 5-44）用来配置产线机床相关属性参数。

序号	机床ID	所属车间	所属产线	类型	数控系统	机床IP地址	机床IP端口	SN号	机台编号	备注
0	0001	010102	01010...	HN...	hnc8	192.168.1.101	10001	233F1B9F6FF37F0	E01	1
1	0001	010102	01010...	HN...	hnc8	192.168.1.112	10001	0	0	

CNC数量：2　　保存

图 5-44　机床设置页面

序号：列表编号。

机床 ID：命名机床 ID 号。

所属车间：输入机床所属车间。

所属产线：输入机床所属产线。

类型：根据机床控制系统选择对应类型，如 HNC_818A。

数控系统：输入机床使用的控制器名称，暂时统一设为 hnc8。

机床 IP 地址：输入机床分配的 IP 地址，CNC 的 IP 段均为 192.168 开头，第三位为产线序列编号，最后一位由 1 开始依次累加，机床 IP 和 CNC 机台 IP 一一对应。

机床 IP 端口：输入机床分配的 IP 端口号，目前统一设为 10001。

SN 号：输入机床的 SN 序列号。

机台编号：输入机床的编号。

备注：附加说明。

保存：保存当前设置到文件中，以便下次启动系统时读写。

（四）网络设置

网络设置页面如图 5-45 所示。

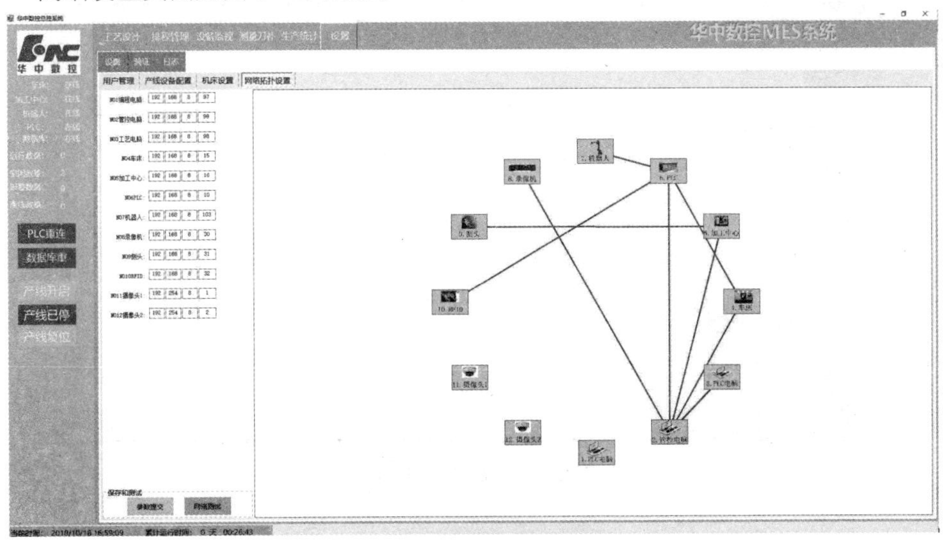

图 5-45　网络设置页面

设置产线上各网络设备的 IP 地址，包括产线总控电脑 IP、车床 IP、加工中心 IP、PLCIP、机器人 IP、录像机 IP、RFIDIP、摄像头 1IP、摄像头 2IP。所配置的

IP 地址将作为网络通信的基础，务必保证正确填写。填写完成后点击“保存”按钮即可。当网络设置页面修改了机床 IP 后，机床设置界面的 IP 会随着改变，切换到机床设置页面再次点击“保存”。保存完成后关闭 MES 软件，再次重启后修改生效。

网络拓扑设计在页面上部署了所有网络设备的简图，可以用鼠标点击任意两个设备进行设备连线，再次点击相同的设备连线将会取消。设备连线完成后，点击左下角的“网络测试” 按钮，MES 将会检测拓扑图上各个设备是否通信正常。如果设备通信正常，连线为绿色；如果不正常，设备连线为红色。

二、验证

（一）机床测试

机床测试页面（图 5-46）可单独设定加工中心和车床的目标状态，包括开关门、卡盘以及主轴速度。

设定完目标状态后，点击对应的“开始测试”按钮，即可将机床实际开关门状态、卡盘状态和主轴速度显示到表格中。以绿色字体表示结果与目标相符合，以红色字体表示结果与目标不相符合。主轴实际转速与设定转速的差值在 1 转内算合格。

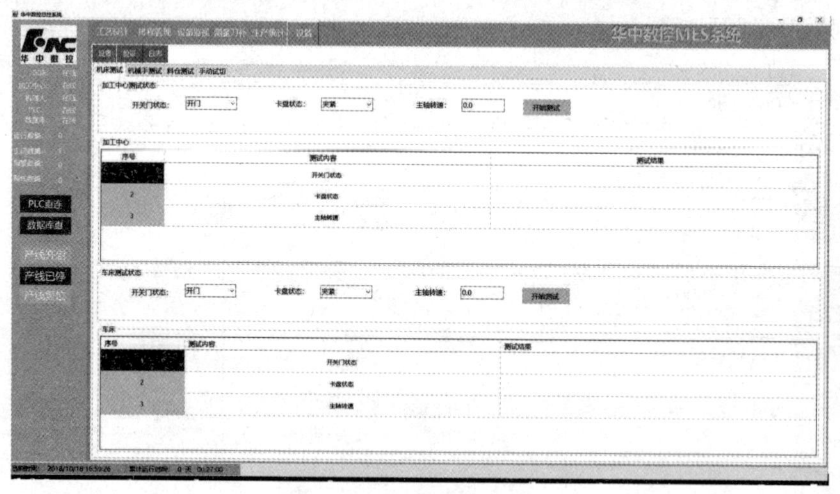

图 5-46　机床测试页面

（二）机械手测试

设定机械手 J6 轴和 J7 轴的目标位置，点击“开始测试”按钮，即可获取机械手的实际位置并显示在表格中（图 5-47）。如果实际位置与目标位置一致，那么测试结果字体为绿色；不一致，字体为红色。机械手实际位置与设定位置的差值在 1 度内算合格。

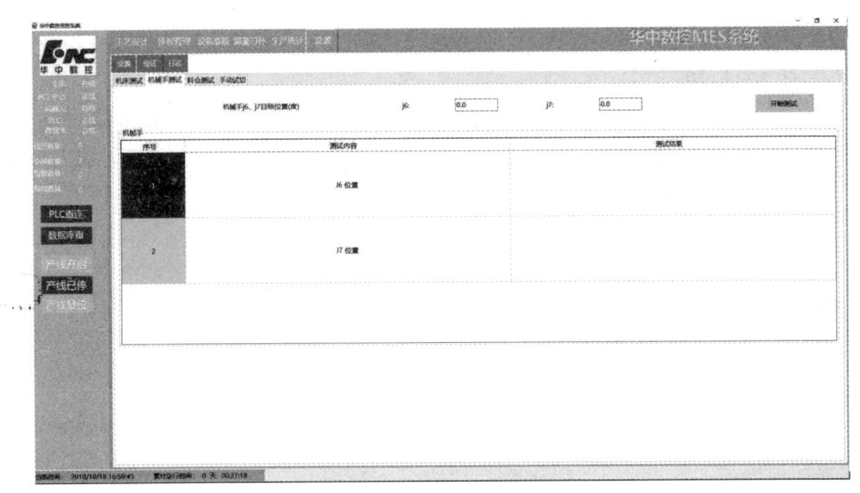

图 5-47　机械手测试页面

（三）料仓测试

料仓测试页面（图 5-48）可由操作人员自行设定每一个料仓的状态，点击“确定”按钮，状态将会保存到料仓页面。

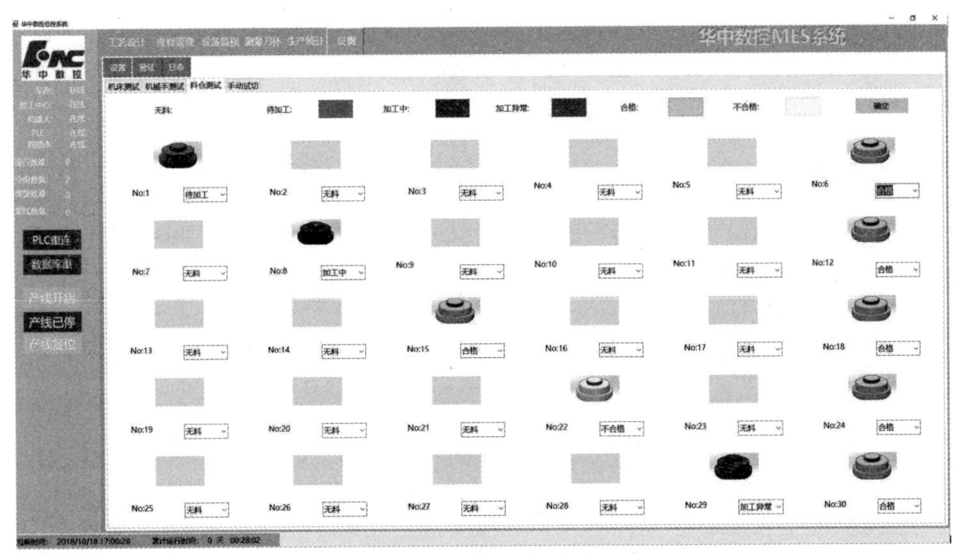

图 5-48　料仓测试页面

如图 5-48 所示设定料仓的状态，点击“确定”按钮，料仓状态将会被记录，这些状态等同于料仓真实状态并点亮对应的五色灯。在进行生产加工时，请将料架按物料恢复为真实状态。

（四）手动试切

操作人员在手动模式下，如果执行了测头测量程序，点击手动试切页面（图 5-49）的“获取当前测量结果”按钮，那么 MES 将会自动获取加工中心的测量宏变量值，并与设置的参考值做比较，得到测量结果。

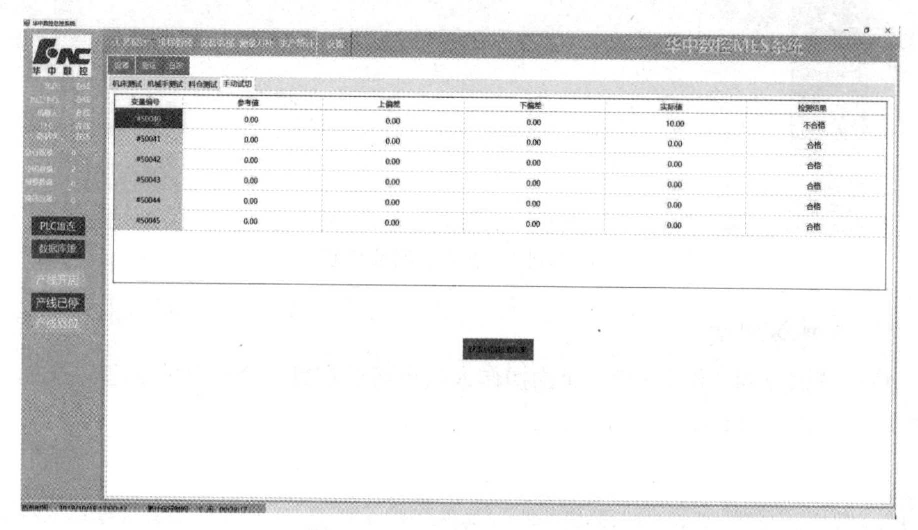

图 5-49　手动试切测试页面

三、日志

日志（图 5-50）是产线运行的记录表，记录了产线运行过程中各种事件发生的信息。点击日志列表的每一列的名称可以按内容对事件进行排序。

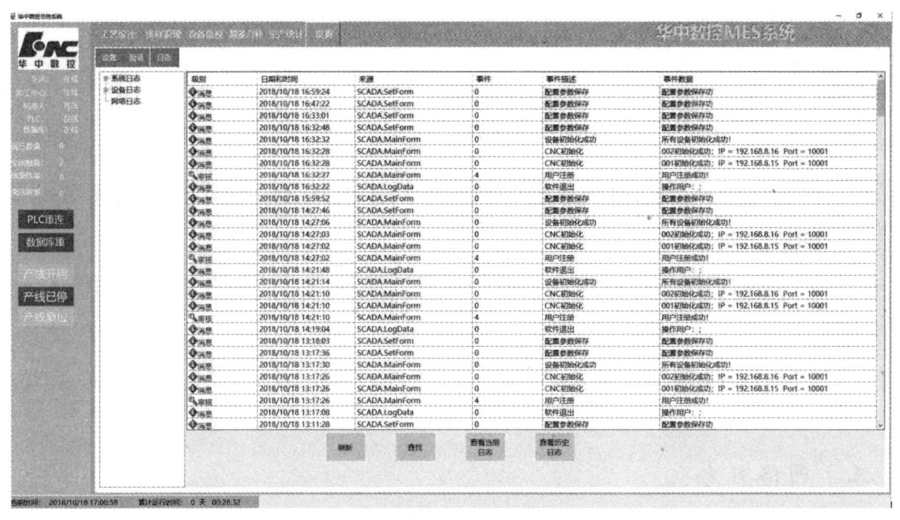

图 5-50　日志页面

日志表格如下。

类别：日志表格中显示事件的类别，分为审核、消息、警告、报警和严重五个类别。审核指的是关于用户管理的操作，包括用户登录、用户注销、用户添加等操作。消息是指系统运行产生的除用户管理的其他消息；警告是指系统产生了可能会引起错误的时间；报警指系统产生了错误，会影响产线工作；严重指的是系统产生了重大错误，会影响产线工作。

日期和时间：事件产生的日期和时间。

来源：产生事件的软件模块。

事件 ID：事件的 ID 号，用于区分事件级别，如权限管理为 4，严重错误为 3，一般消息为 0。

事件描述：事件内容的简要描述。

事件数据：事件内容的详细描述。

（一）系统日志

系统日志显示当前产线系统本身的系统事件信息。

系统日志分为安全和运行两部分。安全显示与系统安全有关的事件，如用户管理操作、软件退出、参数保存等信息；运行显示系统运行过程中产生相关事件信息，如设备初始化、RFID 连接等信息。

（二）设备日志

设备日志显示当前产线系统中与产线中的设备有关的事件信息。

根据当前产线的设备分类，设备日志分为 CNC 日志、ROBOT 日志、PLC 日志、RFID 日志。

CNC 日志：用来保存产线系统中机床模块产生的事件信息，如机床数据刷新、机床数据采集。

ROBOT 日志：用来保存产线系统中机器人模块产生的事件信息，如机器人点位丢失事件信息。

PLC 日志：用来保存产线系统中 PLC 模块产生的事件信息，如 PLC 点位监视信息。

（三）网络日志

网络日志显示当前系统中与网络连接有关的事件信息。

（四）操作

操作包括日志列表刷新、查找等功能。

刷新：点击“刷新”按钮，日志将会更新当前时间日志。

查找：点击“查找”按钮将会跳出查找对话框，输入需要查找的内容将会自动在当前日志列表中查找匹配内容，并用蓝色背景标志出对应行列。

查看当前日志：点击“查看”按钮，加载当前日期的日志。

查看历史日志：点击“历史日志”，将会跳出文件对话框，可找到之前日期的日志，并点击“加载”。

第七节 PDM

一、EBOM

打开“开目 PDM 客户端”点击“确定”按钮进行登录（图 5-51）。

图 5-51 开目 PDM 客户端按钮

进入“开目 PDM 系统—主控中心”。

图 5-52　开目 PDM 系统登录界面

登录后进入主控中心（图 5-53）。

图 5-53　主控中心窗口

点击“数据批量导入”进入“数据批量导入”界面，在左上角窗口鼠标右键单击，选择“新数据导入…”，弹出“选择数据格式”窗口。如果是 2D 文件，选择“AutoCAD 文件”，文件格式为 .dwg；如果是 3D 文件，选择“SolidWorks 模型”，文件格式为 .sldasm 或 .sldprt。在这里选择以 2D 文件 .dwg 举例说明（图 5-54）。

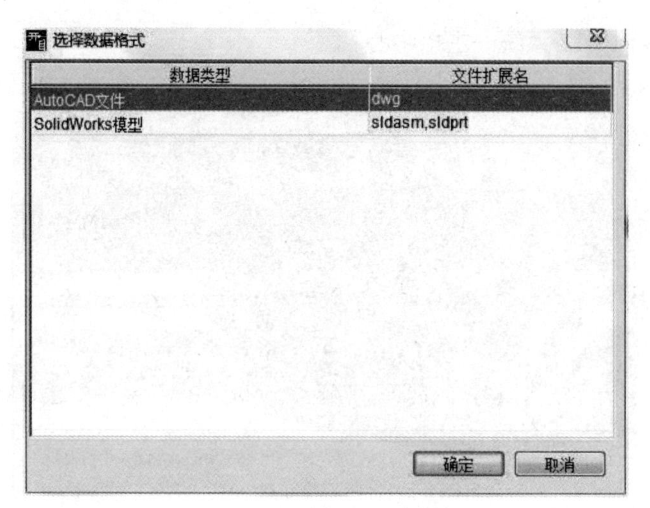

图 5-54　选择数据格式

选择“AutoCAD 文件”，进入“数据导入向导—选择文件”窗口，如果是单个文件，在第一个窗口的空白处鼠标右键单击选择“添加文件…”；如果是多个文件存放在文件夹内，在第二个窗口的空白处鼠标右键单击选择“添加文件夹…”，在此，以添加文件夹举例说明（图 5-55）。

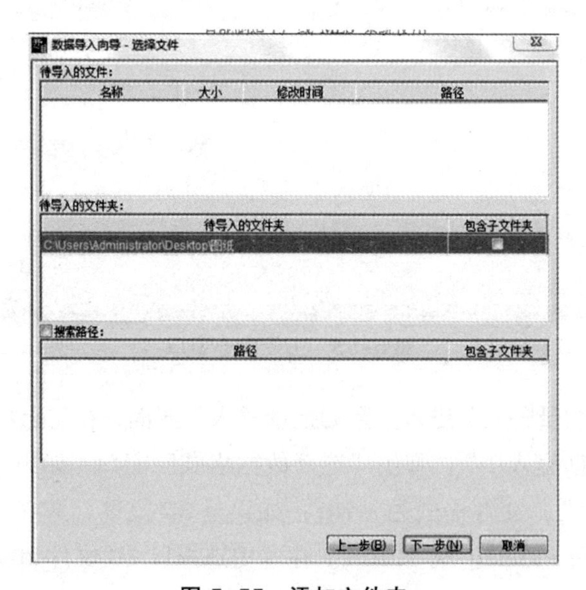

图 5-55　添加文件夹

点击“下一步”，然后点击“确定”即可生成“EBOM”。

在“产品结构树”窗口，有一个树状文件结构，在根结构处以右键单击，选择“EBOM 结构数据传递”，即可将数据传输到 MES 中。

二、PBOM

在“产品结构树”窗口，有一个树状文件结构，在根结构右键单击，选择“创建 PBOM 对象”，即可创建 PBOM（图 5-56）。

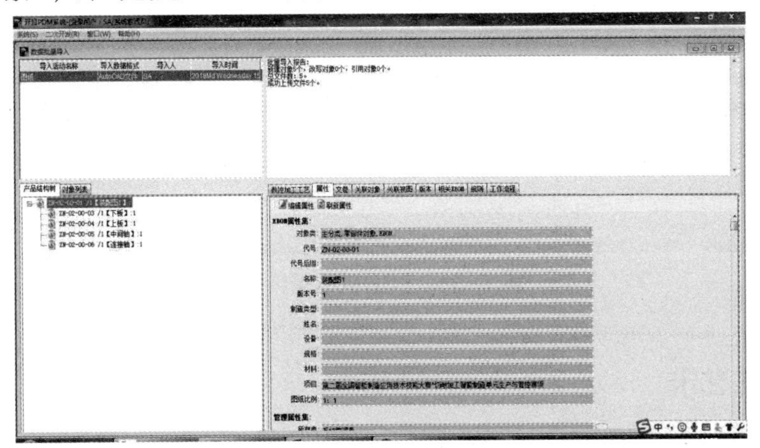

图 5-56　创建 PBOM

在“关联对象”窗口，选择“EBOM-PBOM”，在右侧选择文件，鼠标右键单击选择“打开 PBOM 工艺规划界面”，即可打开 PBOM（图 5-57）。在图中鼠标右键单击选择“PBOM 数据传递”，即可将 PBOM 数据传输到 MES 中（图 5-58）。

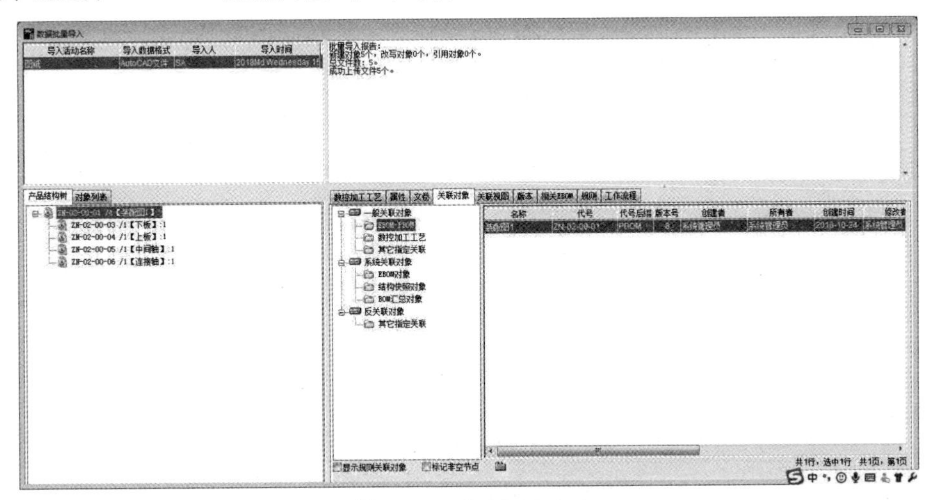

图 5-57　打开 PBOM

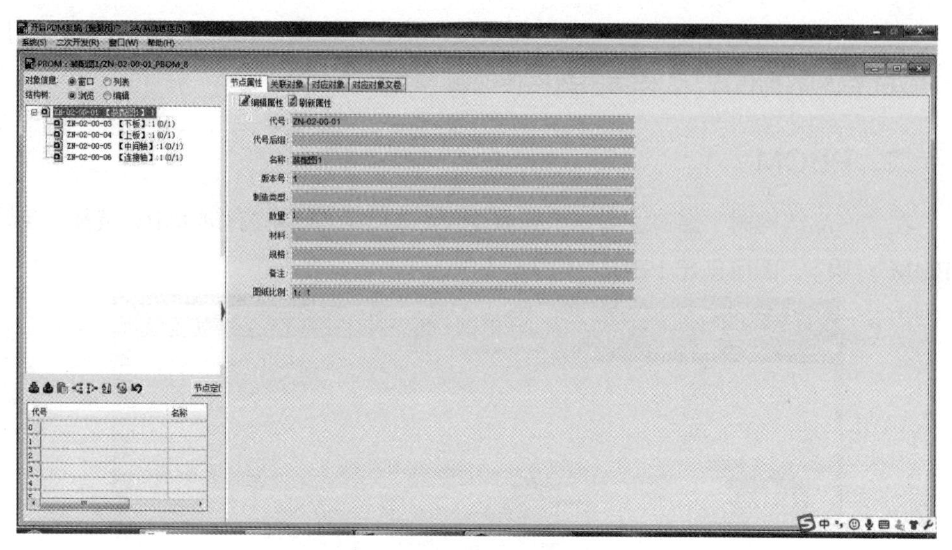

图 5-58　PBOM 数据传递

三、工艺卡

在菜单栏选择“窗口”，然后点击“数据批量导入”，重新返回“数据批量导入”界面。

在“产品结构树”窗口选择单个文件，在“关联对象”窗口选择“数控加工工艺”（图 5-59），在右侧空白处鼠标右键单击选择“对象生命周期→创建”，创建工艺卡，在弹出的窗口点击“确定”（图 5-60）。

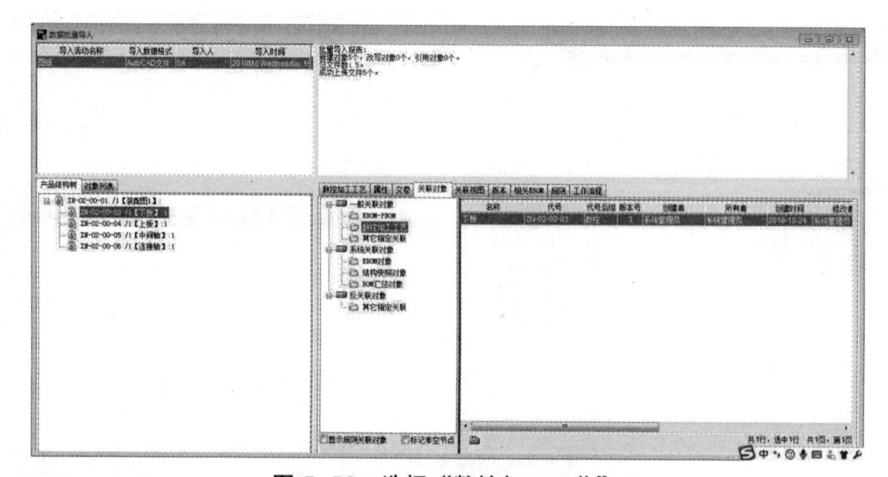

图 5-59　选择“数控加工工艺”

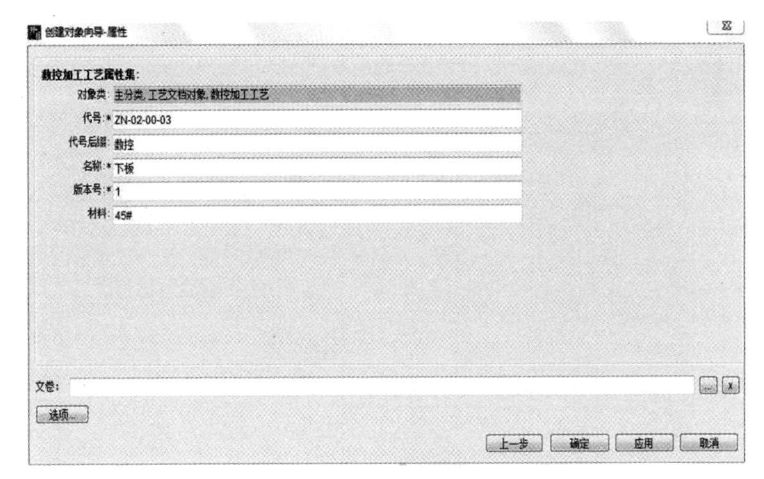

图 5-60　创建工艺卡

在右下角窗口下方单击文件夹图标，在弹出的窗口中选择“文卷”，在窗口中选中文件，鼠标右键单击选择“编辑”，即可进入工艺卡（图 5-61）。

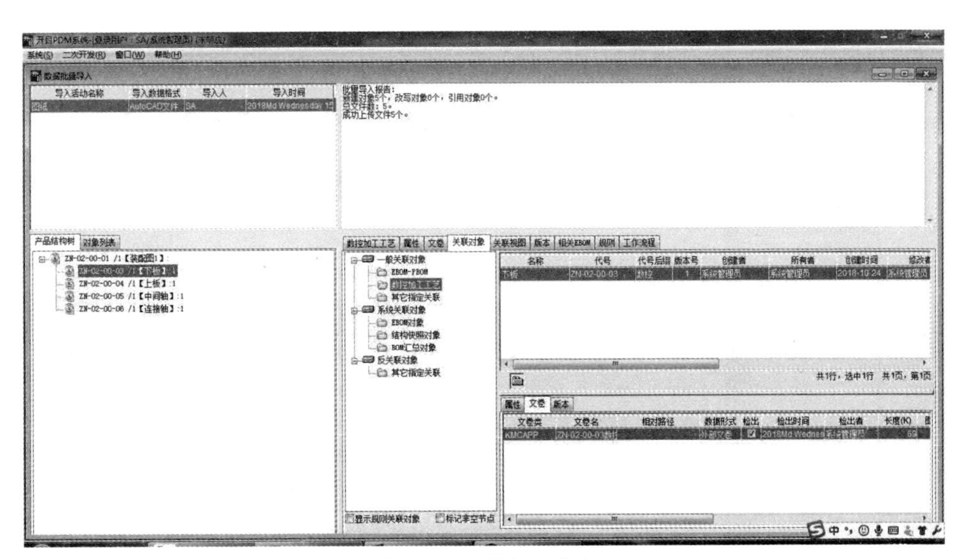

图 5-61　进入工艺卡

工艺卡表格如图 5-62 所示。

数控加工工艺卡																		
零件名称			装配图1		材料			每台件数			每批件数			图号		ZX-02-00-01		
工序顺序号	工序号	工序名称	工步	工序内容	同时加工零件数	加工方式	切削用量				设备及夹具		刀具		量具		工时定额	程序名称
							主轴转速(r/min)	进给速度(mm/min)	切削深度(mm)	加工余量(mm)	机床名称	夹具名称	刀具名称	刀具直径	外径	内径		

图 5-62　工艺卡表格

在表格中点击，即可编辑表格内容（图 5-63）。

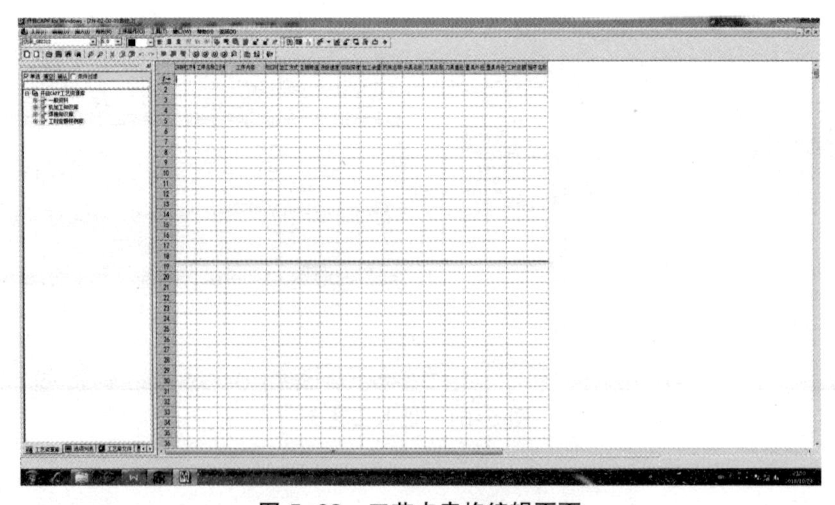

图 5-63　工艺卡表格编辑页面

表格编辑注意事项：在该行中有工序号，就不能有工步号；有工步号，就不能有

工序号，即第一行写了工步号，工序号就应该在第二行写。

编辑完成后，点击“保存”按钮（图 5-64）。

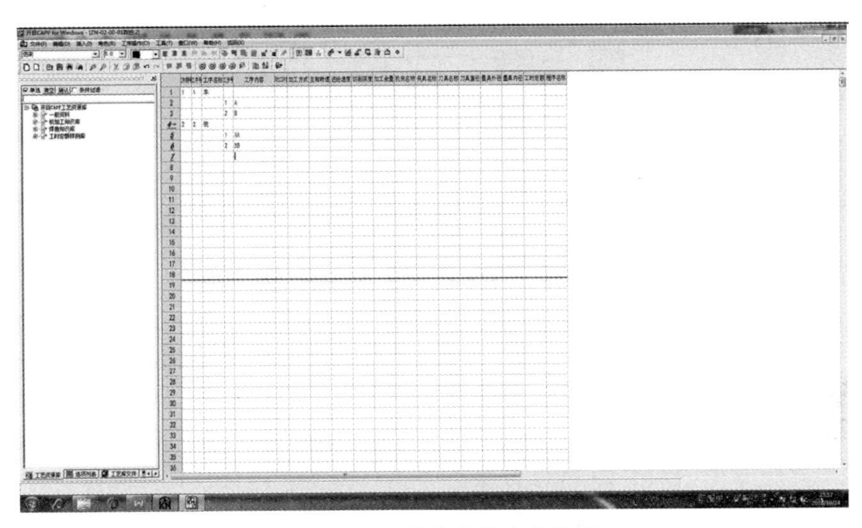

图 5-64　工艺卡表格内容编辑

到“开目 PDM 系统—数据批量导入”，在“数控加工工艺”中选中“创建的生命周期”项，鼠标右键单击，选择“下传工艺数据”，即可将工艺表下传到 MES 中。

第六章　主控 PLC

第一节　PLC 与 MES 交互

（1）产线启动：MES 向 PLC 发送命令码 D1=98，PLC 执行产线启动任务，并在任务完成时反馈 D31=98，MES 清除命令码，完成产线启动交互。

（2）产线停止：MES 向 PLC 发送命令码 D1=99，PLC 执行产线停止任务，并在任务完成时反馈 D31=99，MES 清除命令码，完成产线停止交互。

（3）产线复位：MES 向 PLC 发送命令码 D1=100，PLC 执行产线复位任务，并在任务完成时反馈 D31=100，MES 清除命令码，完成产线复位交互。

（4）订单下发：MES 向 PLC 发送命令码 D1=102 以及料位号和机床号，PLC 接受加工调度，并反馈 D31=102，MES 清除命令码，完成订单下发交互。

（5）HMI 写入：MES 向 PLC 发送命令码 D1=103，PLC 接受命令，进行料架盘点并将 HMI 设置的物料信息写到 RFID 芯片中。所有芯片信息写入完成时反馈 D31=103，MES 清除命令码，完成 HMI 写入交互。

（6）MES 写入：MES 向 PLC 发送命令码 D1=104，PLC 接受命令，进行料架盘点并将 MES 设置的物料信息写到 RFID 芯片中。所有芯片信息写入完成时反馈 D31=104，MES 清除命令码，完成 MES 写入交互。

（7）返修：PLC 在加工中心加工完成时，请求 MES 进行测量结果判断，MES 给出测量结果和返修、取料选择。如果用户选择返修，那么 MES 发给 PLC105 命令，PLC 接受返修调度，并反馈 D31=105，MES 清除命令码，完成返修交互。

（8）取料：PLC 在加工中心加工完成时，请求 MES 进行测量结果判断，MES 给出测量结果和返修、取料选择。如果用户选择取料，那么 MES 发给 PLC106 命令，PLC 接受取料调度，并反馈 D31=106，MES 清除命令码，完成取料交互。

（9）加工反馈：PLC 在加工完成并放料回料架后，发给 MES 加工完成信号，车床加工完成发送 D21=202 以及 D22= 仓位号、D24= 设备号，加工中心完成发送 D26=202 以及 D27= 仓位号、D29= 设备号，MES 接受 202 命令，处理完成信号并在响应区 D11 ~ D14、D16 ~ D19 给出相同的 202 命令，PLC 收到 D11=D21 和 D16=D26 后清除命令，即完成加工，完成信号的反馈。

（10）请求测量结果：PLC 在加工中心加工完成后，向 MES 发送测量请求 D26=205、D27= 仓位号、D29= 设备号，MES 接受命令后处理测量结果，并置位 D16=205、D17= 仓位号、D19= 设备号，PLC 清除命令，MES 清除命令，即完成测量结果请求交互。

第二节　程序解析

一、OB1 组织块

程序段一：MES 数据交互功能块

（1）集成 PLC 与 MES 数据通信工序块，定义 PLC 与 MES 数据交互区。

（2）车床和 CNC 取料优先级处理程序。

程序段二：机器人控制

（1）终止机器人运行命令，取料号、放料号、设备号、机器人运行命令清零。

（2）机器人运行状态转发给 MES。

（3）机器人料仓盘点命令控制。

（4）机器人复位命令。

程序段三：机器人命令功能块

机器人作为客户端与 PLC 数据交互。

程序段四：HMI 控制

HMI 控制机床和 CNC 功能块。

程序段五：设备控制

（1）加工完成信号处理。

（2）车床和 CNC 启动信号给定。

（3）PLC 响应车床和 CNC 取料完成信号。

（4）紧停和三色灯信息处理。

（5）PLC 清机器人数据。

（6）PLC 工序调度执行。

程序段六：MES 控制

（1）MES 响应 PLC 数据区清零。

（2）产线复位启动，105 和 106 命令控制。

（3）MES 派发 202 命令清除车床和 CNC 数据。

（4）MES 工艺订单下发。

程序段七：RFID 控制

（1）RFID 读写数据处理。

（2）RFID 命令处理。

程序段八：料仓控制

（1）料仓数据采集和转发 MES。

（2）车床和卡盘信号反馈给 MES 和机器人。

二、网络拓扑结构

网络拓扑结构如图 6-1 所示。

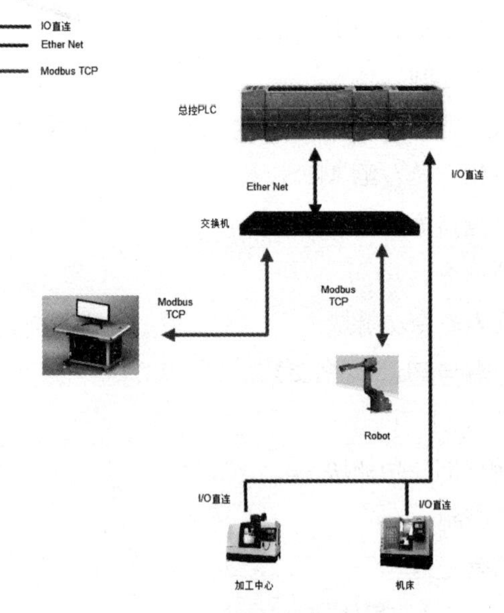

图 6-1　网络拓扑结构

第三节　数据交互表

一、PLC 数据表

PLC 数据表见表 6-1。

表 6-1　PLC 数据表

名称	路径	数据类型	逻辑地址	注释	在 HMI 中可见	可从 HMI 访问
启动	默认变量表	Bool	%I0.0		True	True
停止	默认变量表	Bool	%I0.1		True	True
复位	默认变量表	Bool	%I0.2		True	True
急停	默认变量表	Bool	%I0.3		True	True
联机	默认变量表	Bool	%I0.4		True	True
车床已联机	默认变量表	Bool	%I2.0		True	True
车床卡盘有工件	默认变量表	Bool	%I2.1		True	True
车床在原点	默认变量表	Bool	%I2.2		True	True
车床运行中	默认变量表	Bool	%I2.3		True	True
车床加工完成	默认变量表	Bool	%I2.4		True	True
车床报警	默认变量表	Bool	%I2.5		True	True
车床卡盘张开状态	默认变量表	Bool	%I2.6		True	True
车床卡盘夹紧状态	默认变量表	Bool	%I2.7		True	True
车床开门状态	默认变量表	Bool	%I3.0	1 开门 0 关门	True	True
车床允许上料	默认变量表	Bool	%I3.1		True	True
加工中心已联机	默认变量表	Bool	%I4.0		True	True

续 表

名称	路径	数据类型	逻辑地址	注释	在 HMI 中可见	可从 HMI 访问
加工中心卡盘有工件	默认变量表	Bool	%I4.1		True	True
加工中心在原点	默认变量表	Bool	%I4.2		True	True
加工中心运行中	默认变量表	Bool	%I4.3		True	True
加工中心加工完成	默认变量表	Bool	%I4.4		True	True
加工中心报警	默认变量表	Bool	%I4.5		True	True
加工中心卡盘张开状态	默认变量表	Bool	%I4.6		True	True
加工中心卡盘夹紧状态	默认变量表	Bool	%I4.7		True	True
加工中心开门状态	默认变量表	Bool	%I5.0	1 开门 0 关门	True	True
加工中心允许上料	默认变量表	Bool	%I5.1		True	True
仓格 14	默认变量表	Bool	%I8.0		True	True
仓格 13	默认变量表	Bool	%I8.1		True	True
仓格 12	默认变量表	Bool	%I8.2		True	True
仓格 11	默认变量表	Bool	%I8.3		True	True
仓格 10	默认变量表	Bool	%I8.4		True	True
仓格 9	默认变量表	Bool	%I8.5		True	True
仓格 8	默认变量表	Bool	%I8.6		True	True
仓格 7	默认变量表	Bool	%I8.7		True	True
仓格 6	默认变量表	Bool	%I9.0		True	True
仓格 5	默认变量表	Bool	%I9.1		True	True
仓格 4	默认变量表	Bool	%I9.2		True	True
仓格 3	默认变量表	Bool	%I9.3		True	True
仓格 2	默认变量表	Bool	%I9.4		True	True
仓格 1	默认变量表	Bool	%I9.5		True	True

续 表

名称	路径	数据类型	逻辑地址	注释	在 HMI 中可见	可从 HMI 访问
仓格 30	默认变量表	Bool	%I10.0		True	True
仓格 29	默认变量表	Bool	%I10.1		True	True
仓格 28	默认变量表	Bool	%I10.2		True	True
仓格 27	默认变量表	Bool	%I10.3		True	True
仓格 26	默认变量表	Bool	%I10.4		True	True
仓格 25	默认变量表	Bool	%I10.5		True	True
仓格 24	默认变量表	Bool	%I10.6		True	True
仓格 23	默认变量表	Bool	%I10.7		True	True
仓格 22	默认变量表	Bool	%I11.0		True	True
仓格 21	默认变量表	Bool	%I11.1		True	True
仓格 20	默认变量表	Bool	%I11.2		True	True
仓格 19	默认变量表	Bool	%I11.3		True	True
仓格 18	默认变量表	Bool	%I11.4		True	True
仓格 17	默认变量表	Bool	%I11.5		True	True
仓库安全门	默认变量表	Bool	%I12.0		True	True
仓库解锁按钮	默认变量表	Bool	%I12.1		True	True
仓库急停按钮 1	默认变量表	Bool	%I12.2		True	True
仓库急停按钮 2	默认变量表	Bool	%I12.3		True	True
围栏安全开关	默认变量表	Bool	%I12.4		True	True
仓格 16	默认变量表	Bool	%I11.6		True	True
仓格 15	默认变量表	Bool	%I11.7		True	True
三色灯绿灯	默认变量表	Bool	%Q0.0		True	True
三色灯黄灯	默认变量表	Bool	%Q0.1		True	True
三色灯红灯	默认变量表	Bool	%Q0.2		True	True

续　表

名称	路径	数据类型	逻辑地址	注释	在 HMI 中可见	可从 HMI 访问
蜂鸣器	默认变量表	Bool	%Q0.3		True	True
启动指示灯	默认变量表	Bool	%Q0.4		True	True
停止指示灯	默认变量表	Bool	%Q0.5		True	True
车床联机请求信号	默认变量表	Bool	%Q2.0		True	True
车床启动信号	默认变量表	Bool	%Q2.1		True	True
车床响应信号	默认变量表	Bool	%Q2.2		True	True
机器人紧停	默认变量表	Bool	%Q2.3		True	True
车床安全门打开	默认变量表	Bool	%Q2.4		True	True
车床卡盘控制信号	默认变量表	Bool	%Q2.5		True	True
车床暂停	默认变量表	Bool	%Q2.6		True	True
车床吹气	默认变量表	Bool	%Q2.7		True	True
加工中心联机请求	默认变量表	Bool	%Q4.0		True	True
加工中心启动信号	默认变量表	Bool	%Q4.1		True	True
加工中心响应信号	默认变量表	Bool	%Q4.2		True	True
加工中心程序选择信号 1	默认变量表	Bool	%Q4.3		True	True
加工中心安全门打开	默认变量表	Bool	%Q4.4		True	True
加工中心卡盘控制信号	默认变量表	Bool	%Q4.5		True	True
加工中心暂停	默认变量表	Bool	%Q4.6		True	True
加工中心吹气	默认变量表	Bool	%Q4.7		True	True
解锁许可灯	默认变量表	Bool	%Q13.0		True	True
运行灯	默认变量表	Bool	%Q13.1		True	True
车床辅助启动	默认变量表	Bool	%M10.0		True	True
CNC 辅助启动	默认变量表	Bool	%M10.1		True	True
工序 1 调用	默认变量表	Bool	%M11.1		True	True

续 表

名称	路径	数据类型	逻辑地址	注释	在 HMI 中可见	可从 HMI 访问
工序 2 调用	默认变量表	Bool	%M11.0		True	True
工序 1 完成	默认变量表	Bool	%M11.3		True	True
工序 2 完成	默认变量表	Bool	%M11.4		True	True
车床加工完成信号	默认变量表	Bool	%M10.6		True	True
CNC 加工完成信号	默认变量表	Bool	%M10.7		True	True
System_Byte	默认变量表	Byte	%MB100		True	True
FirstScan	默认变量表	Bool	%M100.0		True	True
DiagStatusUpdate	默认变量表	Bool	%M100.1		True	True
AlwaysTRUE	默认变量表	Bool	%M100.2		True	True
AlwaysFALSE	默认变量表	Bool	%M100.3		True	True
HMI 手动卡盘门控制屏蔽	默认变量表	Bool	%M15.3		True	True
工序执行中	默认变量表	Bool	%M11.2		True	True
Clock_Byte	默认变量表	Byte	%MB0		True	True
Clock_10Hz	默认变量表	Bool	%M0.0		True	True
Clock_5Hz	默认变量表	Bool	%M0.1		True	True
Clock_2.5Hz	默认变量表	Bool	%M0.2		True	True
Clock_2Hz	默认变量表	Bool	%M0.3		True	True
Clock_1.25Hz	默认变量表	Bool	%M0.4		True	True
Clock_1Hz	默认变量表	Bool	%M0.5		True	True
Clock_0.625Hz	默认变量表	Bool	%M0.6		True	True
Clock_0.5Hz	默认变量表	Bool	%M0.7		True	True
RFID 读写完成	默认变量表	Bool	%M18.3		True	True
RFID 读写报错	默认变量表	Bool	%M18.4		True	True
车床优先命令允许	默认变量表	Bool	%M9.0		True	True

续　表

名称	路径	数据类型	逻辑地址	注释	在 HMI 中可见	可从 HMI 访问
CNC 优先命令允许	默认变量表	Bool	%M9.1		True	True
车床加工完成转发 MES	默认变量表	Bool	%M9.2		True	True
CNC 加工完成转发 MES	默认变量表	Bool	%M9.3		True	True
总控判断加工完成信号，车床专用	默认变量表	Bool	%M9.4		True	True
总控判断加工完成信号，CNC 专用	默认变量表	Bool	%M9.5		True	True
车床取料优先判断	默认变量表	Bool	%M9.6		True	True
CNC 取料优先判断	默认变量表	Bool	%M9.7		True	True
捕捉车床取料完成	默认变量表	Bool	%M10.2		True	True
捕捉 CNC 取料完成	默认变量表	Bool	%M10.3		True	True
RFID 写入	默认变量表	Bool	%M18.5		True	True
RFID 读取	默认变量表	Bool	%M18.6		True	True
HMI 盘点复位	默认变量表	Bool	%M15.0		True	True
车床吹扫点动	默认变量表	Bool	%M15.1		True	True
CNC 吹扫点动	默认变量表	Bool	%M15.2		True	True
车床吹扫时间	默认变量表	Word	%MW20		True	True
CNC 吹扫时间	默认变量表	Int	%MW22		True	True
HMICNC 卡盘夹紧	默认变量表	Bool	%M16.0		True	True
HMICNC 卡盘松开	默认变量表	Bool	%M16.1		True	True
HMI 车床卡盘夹紧	默认变量表	Bool	%M16.2		True	True
HMI 车床卡盘松开	默认变量表	Bool	%M16.3		True	True
HMI 车床门命令打开	默认变量表	Bool	%M16.4		True	True
HMI 车床门命令关闭	默认变量表	Bool	%M16.5		True	True
HMICNC 关门命令	默认变量表	Bool	%M16.6		True	True

续　表

名称	路径	数据类型	逻辑地址	注释	在 HMI 中可见	可从 HMI 访问
HMICNC 开门命令	默认变量表	Bool	%M16.7		True	True
车床自动吹扫时间	默认变量表	DWord	%MD20		True	True
CNC 自动吹扫时间	默认变量表	Real	%MD24		True	True
车床自动吹扫	默认变量表	Real	%MD40		True	True
产线复位中	默认变量表	Bool	%M17.0		True	True
车床加工完成信号转发 MES 完成	默认变量表	Bool	%M17.1		True	True
CNC 加工完成信号转发 MES 完成	默认变量表	Bool	%M17.2		True	True
写入 RFID 标签信息允许	默认变量表	Bool	%M17.3		True	True
执行 MES 下发命令使能	默认变量表	Bool	%M18.0		True	True
车床 RFID 写入允许	默认变量表	Bool	%M18.1		True	True
产线复位完成 CNC 响应	默认变量表	Bool	%M10.4		True	True
产线复位完成车床响应	默认变量表	Bool	%M10.5		True	True
紧停控制	默认变量表	Bool	%M17.4		True	True
车床 RFID 料仓号暂存	默认变量表	Word	%MW30		True	True
加工中心料仓号暂存	默认变量表	Word	%MW32		True	True
MES 请求 CNC 返修命令启动	默认变量表	Bool	%M17.5		True	True
MES 请求 CNC 取料	默认变量表	Bool	%M17.6		True	True
加工中心 RFID 写入允许	默认变量表	Bool	%M18.2		True	True
Tag_46	默认变量表	Byte	%MB50		True	True
Tag_47	默认变量表	Byte	%MB60		True	True
Tag_48	默认变量表	Byte	%MB51		True	True
Tag_51	默认变量表	Byte	%MB61		True	True

续 表

名称	路径	数据类型	逻辑地址	注释	在 HMI 中可见	可从 HMI 访问
Tag_52	默认变量表	Byte	%MB52		True	True
Tag_53	默认变量表	Byte	%MB62		True	True
Tag_85	默认变量表	Byte	%MB53		True	True
Tag_86	默认变量表	Byte	%MB63		True	True
Tag_87	默认变量表	Byte	%MB54		True	True
Tag_88	默认变量表	Byte	%MB64		True	True
Tag_89	默认变量表	Byte	%MB80		True	True
Tag_90	默认变量表	Byte	%MB81		True	True
Tag_91	默认变量表	Byte	%MB82		True	True
Tag_92	默认变量表	Byte	%MB83		True	True
Tag_93	默认变量表	Byte	%MB84		True	True
Tag_94	默认变量表	Byte	%MB55		True	True
Tag_95	默认变量表	Byte	%MB85		True	True
Tag_96	默认变量表	Byte	%MB56		True	True
Tag_97	默认变量表	Byte	%MB86		True	True
Tag_98	默认变量表	Byte	%MB57		True	True
Tag_99	默认变量表	Byte	%MB87		True	True
Tag_100	默认变量表	Byte	%MB58		True	True
Tag_101	默认变量表	Byte	%MB88		True	True
Tag_102	默认变量表	Byte	%MB59		True	True
Tag_103	默认变量表	Byte	%MB89		True	True
仓格场次读取	默认变量表	Int	%MW50		True	True
仓格零件类型读取	默认变量表	Int	%MW52		True	True
仓格零件材质读取	默认变量表	Int	%MW54		True	True

续　表

名称	路径	数据类型	逻辑地址	注释	在 HMI 中可见	可从 HMI 访问
仓格零件状态读取	默认变量表	Int	%MW56		True	True
仓格场次写入	默认变量表	Int	%MW80		True	True
仓格零件类型写入	默认变量表	Int	%MW82		True	True
Tag_110	默认变量表	Int	%MW64		True	True
仓格零件材质写入	默认变量表	Int	%MW84		True	True
仓格零件状态写入	默认变量表	Int	%MW86		True	True
Tag_1	默认变量表	Bool	%M5.0		True	True
Tag_2	默认变量表	Bool	%M5.1		True	True
Tag_3	默认变量表	Bool	%M5.2		True	True
Tag_4	默认变量表	Bool	%M5.3		True	True
Tag_5	默认变量表	Bool	%M5.4		True	True
Tag_6	默认变量表	Bool	%M5.5		True	True
Tag_7	默认变量表	Bool	%M5.6		True	True
Tag_8	默认变量表	Bool	%M5.7		True	True
Tag_9	默认变量表	Bool	%M6.0		True	True
Tag_10	默认变量表	Bool	%M6.1		True	True
Tag_11	默认变量表	Bool	%M6.2		True	True
Tag_12	默认变量表	Bool	%M6.3		True	True
Tag_13	默认变量表	Bool	%M6.4		True	True
Tag_14	默认变量表	Bool	%M6.5		True	True
Tag_15	默认变量表	Bool	%M7.0		True	True
Tag_16	默认变量表	Bool	%M7.1		True	True
Tag_17	默认变量表	Bool	%M7.2		True	True
Tag_18	默认变量表	Bool	%M7.3		True	True

续 表

名称	路径	数据类型	逻辑地址	注释	在 HMI 中可见	可从 HMI 访问
Tag_19	默认变量表	Bool	%M7.4		True	True
Tag_20	默认变量表	Bool	%M7.5		True	True
Tag_21	默认变量表	Bool	%M7.6		True	True
Tag_22	默认变量表	Bool	%M7.7		True	True
HMI 控制 CNC 卡盘加紧	默认变量表	Bool	%M4.0		True	True
HMI 控制 CNC 卡盘松开	默认变量表	Bool	%M4.1		True	True
HMI 控制车床卡盘夹紧	默认变量表	Bool	%M4.2		True	True
HMI 控制车床卡盘松开	默认变量表	Bool	%M4.3		True	True

二、PLC 与 MES 数据交互表

PLC 与 MES 数据交互表见表 6-2

表 6-2　PLC 与 MES 数据交互表

输入点	信　号	说　明	数值类型
Db001	MES_PLC_comfirm	MES 发给 PLC 命令	Int
Db002	Rack_number_comfirm	MES 发给 PLC 的取料位	Int
Db003	Order_type_comfirm	订单类型	Int
Db009		预留	
Db010		预留	
Db011	MES_PLC_response	MES 车床加工加工完成	Int
Db012	Rcak_number_response	MES 响应仓位	Int
Db014	Machine_type_response	MES 响应设备 1	Int
Db016	MES_PLC_response_2	MES 加工中心加工完成	
Db017	Rcak_number_response_2	MES 响应仓位	
Db019	Machine_type_response_2	MES 响应设备 2	

续 表

输入点	信 号	说 明	数值类型
Db021	PLC_MES_comfirm	PLC 向 MES 发送命令车床加工完成	Int
Db022	Rcak_number_comfirm	PLC 向 MES 发送的料位值	Int
Db024	Machine_type_comfirm	PLC 向 MES 发送的设备号	Int
Db026	PLC_MES_comfirm_2	PLC 向 MES 发送命令加工中心加工完成	
Db027	Rcak_number_comfirm_2	PLC 向 MES 发送的料位值	
Db029	Machine_type_comfirm_2	PLC 向 MES 发送的设备号	
Db031	PLC_MES_respone	PLC 响应 MES 命令	Int
Db032	Rack_number_respone	PLC 响应 MES 料位	Int
Db033	Order_type_respone	PLC 响应 MES 加工类型	Int
Db035		预留	
Db041	Robot_status	机械手的状态	Int
Db042	Robot_position_comfirm	机械手是否在 HOME 位置确认	Int
Db043	Robot_mode	机械手运行模式	Int
Db044	Robot_speed	机器人速度百分比	Int
Db045	Joint1_coor	机械手关节 1 的坐标值	Int
Db046	Joint2_coor	机械手关节 2 的坐标值	Int
Db047	Joint3_coor	机械手关节 3 的坐标值	Int
Db048	Joint4_coor	机械手关节 4 的坐标值	Int
Db049	Joint5_coor	机械手关节 5 的坐标值	Int
Db050	Joint6_coor	机械手关节 6 的坐标值	Int
Db051	Joint7_coor	机械手关节 7 的坐标值	Int
D61.0	Mag01_state	仓位 1 状态 (0 无料 1 有料)	Bool
D61.1	Mag02_state	仓位 2 状态 (0 无料 1 有料)	Bool
D61.2	Mag03_state	仓位 3 状态 (0 无料 1 有料)	Bool
D61.3	Mag04_state	仓位 4 状态 (0 无料 1 有料)	Bool

续 表

输入点	信 号	说 明	数值类型
D61.4	Mag05_state	仓位 5 状态 (0 无料 1 有料)	Bool
D61.5	Mag06_state	仓位 6 状态 (0 无料 1 有料)	Bool
D61.6	Mag07_state	仓位 7 状态 (0 无料 1 有料)	Bool
D61.7	Mag08_state	仓位 8 状态 (0 无料 1 有料)	Bool
D61.8	Mag09_state	仓位 9 状态 (0 无料 1 有料)	Bool
D61.9	Mag10_state	仓位 10 状态 (0 无料 1 有料)	Bool
D61.10	Mag11_state	仓位 11 状态 (0 无料 1 有料)	Bool
D61.11	Mag12_state	仓位 12 状态 (0 无料 1 有料)	Bool
D61.12	Mag13_state	仓位 13 状态 (0 无料 1 有料)	Bool
D61.13	Mag14_state	仓位 14 状态 (0 无料 1 有料)	Bool
D61.14	Mag15_state	仓位 15 状态 (0 无料 1 有料)	Bool
D61.15	Mag16_state	仓位 16 状态 (0 无料 1 有料)	Bool
D62.0	Mag17_state	仓位 17 状态 (0 无料 1 有料)	Bool
D62.1	Mag18_state	仓位 18 状态 (0 无料 1 有料)	Bool
D62.2	Mag19_state	仓位 19 状态 (0 无料 1 有料)	Bool
D62.3	Mag20_state	仓位 20 状态 (0 无料 1 有料)	Bool
D62.4	Mag21_state	仓位 21 状态 (0 无料 1 有料)	Bool
D62.5	Mag22_state	仓位 22 状态 (0 无料 1 有料)	Bool
D62.6	Mag23_state	仓位 23 状态 (0 无料 1 有料)	Bool
D62.7	Mag24_state	仓位 24 状态 (0 无料 1 有料)	Bool
D62.8	Mag25_state	仓位 25 状态 (0 无料 1 有料)	Bool
D62.9	Mag26_state	仓位 26 状态 (0 无料 1 有料)	Bool
D62.10	Mag27_state	仓位 27 状态 (0 无料 1 有料)	Bool
D62.11	Mag28_state	仓位 28 状态 (0 无料 1 有料)	Bool
D62.12	Mag29_state	仓位 29 状态 (0 无料 1 有料)	Bool

续 表

输入点	信　号	说　明	数值类型
D62.13	Mag30_state	仓位 30 状态 (0 无料 1 有料)	Bool
D66.0	L_Door_Close	车床自动门关闭 (0 未关闭 1 关闭)	Bool
D66.1	L_Door_Open	车床自动门打开 (0 未打开 1 打开)	Bool
D66.2	L_Chuck_state	车床卡盘状态 (0 松开 1 夹紧)	Bool
D67.0	CNC_Door_Close	加工中心自动门关闭 (0 未关闭 1 关闭)	Bool
D67.1	CNC_Door_Open	加工中心自动门打开 (0 未打开 1 关闭)	Bool
D67.2	CNC_Chuck_state	加工中心卡盘状态 (0 松开 1 夹紧)	Bool
D71	Mag1_Scene	仓位 1 场次（ABCDEF，1,2,3,4,5,6）	Int
D72	Mag1_Type	仓位 1 零件类型（仓位号）	Int
D73	Mag1_material	仓位 1 零件材质（0 吕，1 钢）	Int
D74	Mag1_state	仓位 1 零件状态（0 空，1 待加工，2 正在加工，3 合格品，4 不合格品，5 车床加工完成，6 加工中心加工完成，7 异常状态）	Int
D75	Mag2_Scene	仓位 2 场次	Int
D76	Mag2_Type	仓位 2 零件类型	Int
D77	Mag2_material	仓位 2 零件材质	Int
D78	Mag2_state	仓位 2 零件状态	Int
D79	Mag3_Scene	仓位 3 场次	Int
D80	Mag3_Type	仓位 3 零件类型	Int
D81	Mag3_material	仓位 3 零件材质	Int
D82	Mag3_state	仓位 3 零件状态	Int
D83	Mag4_Scene	仓位 4 场次	Int
D84	Mag4_Type	仓位 4 零件类型	Int
D85	Mag4_material	仓位 4 零件材质	Int
D86	Mag4_state	仓位 4 零件状态	Int

续　表

输入点	信　号	说　明	数值类型
D87	Mag5_Scene	仓位 5 场次	Int
D88	Mag5_Type	仓位 5 零件类型	Int
D89	Mag5_material	仓位 5 零件材质	Int
D90	Mag5_state	仓位 5 零件状态	Int
D91	Mag6_Scene	仓位 6 场次	Int
D92	Mag6_Type	仓位 6 零件类型	Int
D93	Mag6_material	仓位 6 零件材质	Int
D94	Mag6_state	仓位 6 零件状态	Int
D95	Mag7_Scene	仓位 7 场次	Int
D96	Mag7_Type	仓位 7 零件类型	Int
D97	Mag7_material	仓位 7 零件材质	Int
D98	Mag7_state	仓位 7 零件状态	Int
D99	Mag8_Scene	仓位 8 场次	Int
D100	Mag8_Type	仓位 8 零件类型	Int
D101	Mag8_material	仓位 8 零件材质	Int
D102	Mag8_state	仓位 8 零件状态	Int
D103	Mag9_Scene	仓位 9 场次	Int
D104	Mag9_Type	仓位 9 零件类型	Int
D105	Mag9_material	仓位 9 零件材质	Int
D106	Mag9_state	仓位 9 零件状态	Int
D107	Mag10_Scene	仓位 10 场次	Int
D108	Mag10_Type	仓位 10 零件类型	Int
D109	Mag10_material	仓位 10 零件材质	Int
D110	Mag10_state	仓位 10 零件状态	Int
D112	Mag11_Type	仓位 11 零件类型	Int

续　表

输入点	信　号	说　明	数值类型
D113	Mag11_material	仓位 11 零件材质	Int
D114	Mag11_state	仓位 11 零件状态	Int
D115	Mag12_Scene	仓位 12 场次	Int
D117	Mag12_material	仓位 12 零件材质	Int
D118	Mag12_state	仓位 12 零件状态	Int
D119	Mag13_Scene	仓位 13 场次	Int
D120	Mag13_Type	仓位 13 零件类型	Int
D121	Mag13_material	仓位 13 零件材质	Int
D122	Mag13_state	仓位 13 零件状态	Int
D123	Mag14_Scene	仓位 14 场次	Int
D124	Mag14_Type	仓位 14 零件类型	Int
D125	Mag14_material	仓位 14 零件材质	Int
D126	Mag_14state	仓位 14 零件状态	Int
D127	Mag15_Scene	仓位 15 场次	Int
D128	Mag15_Type	仓位 15 零件类型	Int
D129	Mag15_material	仓位 15 零件材质	Int
D130	Mag15_state	仓位 15 零件状态	Int
D131	Mag16_Scene	仓位 16 场次	Int
D132	Mag16_Type	仓位 16 零件类型	Int
D133	Mag16_material	仓位 16 零件材质	Int
D134	Mag16_state	仓位 16 零件状态	Int
D135	Mag17_Scene	仓位 17 场次	Int
D136	Mag17_Type	仓位 17 零件类型	Int
D137	Mag17_material	仓位 17 零件材质	Int
D138	Mag17_state	仓位 17 零件状态	Int

续 表

输入点	信　号	说　明	数值类型
D139	Mag18_Scene	仓位 18 场次	Int
D140	Mag18_Type	仓位 18 零件类型	Int
D141	Mag18_material	仓位 18 零件材质	Int
D142	Mag18_state	仓位 18 零件状态	Int
D143	Mag19_Scene	仓位 19 场次	Int
D144	Mag19_Type	仓位 19 零件类型	Int
D145	Mag19_material	仓位 19 零件材质	Int
D146	Mag19_state	仓位 19 零件状态	Int
D147	Mag20_Scene	仓位 20 场次	Int
D148	Mag20_Type	仓位 20 零件类型	Int
D149	Mag20_material	仓位 20 零件材质	Int
D150	Mag20_state	仓位 20 零件状态	Int
D151	Mag21_Scene	仓位 21 场次	Int
D152	Mag21_Type	仓位 21 零件类型	Int
D153	Mag21_material	仓位 21 零件材质	Int
D154	Mag21_state	仓位 21 零件状态	Int
D155	Mag22_Scene	仓位 22 场次	Int
D156	Mag22_Type	仓位 22 零件类型	Int
D157	Mag22_material	仓位 22 零件材质	Int
D158	Mag22_state	仓位 22 零件状态	Int
D159	Mag23_Scene	仓位 23 场次	Int
D160	Mag23_Type	仓位 23 零件类型	Int
D161	Mag23_material	仓位 23 零件材质	Int
D162	Mag23_state	仓位 23 零件状态	Int
D163	Mag24_Scene	仓位 24 场次	Int

续　表

输入点	信　号	说　明	数值类型
D164	Mag24_Type	仓位 24 零件类型	Int
D165	Mag24_material	仓位 24 零件材质	Int
D166	Mag24_state	仓位 24 零件状态	Int
D167	Mag25_Scene	仓位 25 场次	Int
D168	Mag_25Type	仓位 25 零件类型	Int
D169	Mag25_material	仓位 25 零件材质	Int
D170	Mag25_state	仓位 25 零件状态	Int
D171	Mag26_Scene	仓位 26 场次	Int
D172	Mag26_Type	仓位 26 零件类型	Int
D173	Mag26_material	仓位 26 零件材质	Int
D174	Mag26_state	仓位 26 零件状态	Int
D175	Mag27_Scene	仓位 27 场次	Int
D176	Mag27_Type	仓位 27 零件类型	Int
D177	Mag27_material	仓位 27 零件材质	Int
D178	Mag27_state	仓位 27 零件状态	Int
D179	Mag28_Scene	仓位 28 场次	Int
D180	Mag28_Type	仓位 28 零件类型	Int
D181	Mag28_material	仓位 28 零件材质	Int
D182	Mag28_state	仓位 28 零件状态	Int
D183	Mag29_Scene	仓位 29 场次	Int
D184	Mag29_Type	仓位 29 零件类型	Int
D185	Mag29_material	仓位 29 零件材质	Int
D186	Mag29_state	仓位 29 零件状态	Int
D187	Mag30_Scene	仓位 30 场次	Int
D188	Mag30_Type	仓位 30 零件类型	Int

续 表

输入点	信　号	说　明	数值类型
D189	Mag30_material	仓位 30 零件材质	Int
D190	Mag30_state	仓位 30 零件状态	Int

通信约定：命令方发送命令后，接收方需在响应命令处回应响应命令，命令发送方接收到响应命令后把命令码清 0，命令接收方接收到 0 后把命令相应清 0，整个命令交互完成（图 6-2）。

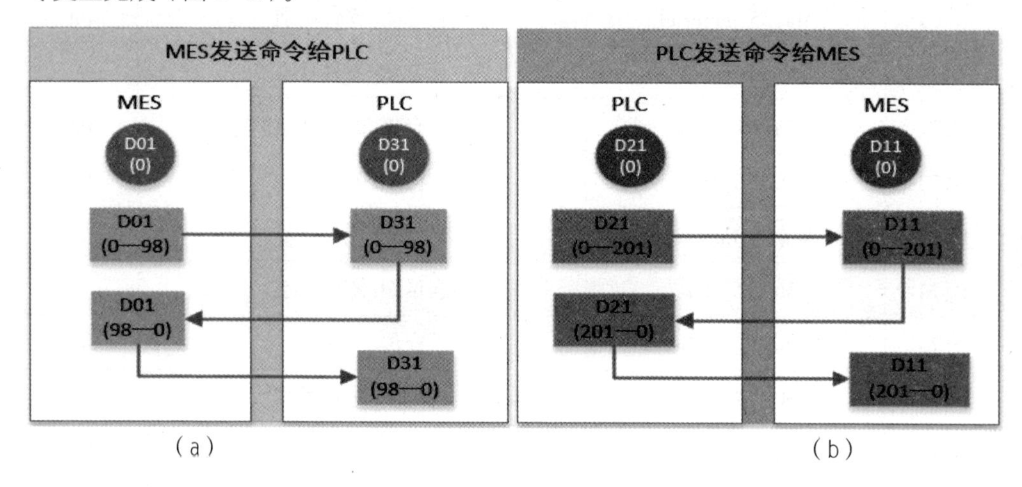

（a）　　（b）

图 6-2　通信约定示意图

接口定义：本次大赛固定使用西门子 S7-1200 1215C DC/DC/DC 型号的 PLC，MES 与 PLC 通信使用 Modbus TCP/IP 协议。

料仓一共 30 个料位，使用 1 ~ 30 编号表示（不使用行列号）。PLC 指令一共分为五类（表 6-3）。

表 6-3　PLC 指令类别及其作用

类　别	地址范围	作　用
第一类	Db001 ~ Db010	MES 发给 PLC 的指令
第二类	Db011 ~ Db020	MES 响应 PLC 指令
第三类	Db021 ~ Db030	PLC 发给 MES 的指令

续　表

类　别	地址范围	作　用
第四类	Db031 ～ Db040	PLC 响应 MES 的指令
第五类	Db041 ～ Dbn	机器人状态，仓位状态，RFID 信息

MES 发给 PLC 的指令地址如表 6-4 所示。

表 6-4　MES 发给 PLC 的指令地址

地　址	方　向	名　字	数　值	备　注
D001	MES → PLC	命令码	98 启动系统	PLC 收到 103 命令时把 RFID 状态区的信息写入相应 RFID 内，写完成给 MES 发送 203 命令；MES 发送 104 命令前会清空 RFID 状态区信息，PLC 读取相应仓位 RFID 信息，写入 RFID 状态区，读取 RFID 信息完成后，给 MES 发送 204 命令通知 MES
			99 停止系统	
			100 启动设备	
			102 加工调度	
			103 写 RFID 信息	
			104 读 RFID 信息	
			105 返修	
			106 取料	
D002	ME → PLC	料位	n 料位	
D003	MES → PLC	加工类型	m 加工类型	1 车，2 铣

注意：102 指令，当 n==0，m!=0h 时表示取设备上的料回 m 料位；当 n!=0，m==0 时表示取 n 料位的料放入对应设备；当 n!=0，m!=0 时表示先取 n 料位料，然后与对应设备上的料交换，并把交换的料放回 m 仓位；调度完成后需写入 RFID 信息，从 RFID 状态区读取写入。

MES 响应 PLC 的指令地址如表 6-5 所示。

表 6-5　MES 响应 PLC 的指令地址

地　址	方　向	名　字	数　值	备　注
D011	MES → PLC	响应码	202 加工反馈	
			203 写 RFID 信息完成	
			204 读 RFID 信息完成	
			205 测量请求	
D012	MES → PLC	料位	n 料位	
D013	MES → PLC	加工程序上传结果	R 结果	1 成功
				2 失败
D014	MES → PLC	设备号	k 设备号	车床 1，加工中心 2

PLC 发给 MES 的指令地址如表 6-6 所示。

表 6-6　PLC 发给 MES 的指令地址

地　址	方　向	名　字	数　值	备　注
D021	PLC → MES	PLC 指令	202 加工反馈	
			203 写 RFID 信息完成	
			204 读 RFID 信息完成	
			205 测量请求	
D022	PLC → MES	仓位	n 仓位	
D023	PLC → MES	结果	R 结果	1 成功 2 失败
D024	PLC → MES	设备号	k 设备号	车床 1，加工中心 2

PLC 响应 MES 的指令地址如表 6-7 所示。

表 6-7 PLC 响应 MES 的指令地址

地址	方向	名字	数值	备注
D031	PLC → MES	响应码	98 启动系统	
			99 停止系统	
			100 启动设备	
			102 加工调度	
			103 写入 RFID 信息	
			104 读取 RFID 信息	
			105 返修	
			106 取料	
D032	PLC → MES	料位	n 取料位	
D033	PLC → MES	加工类型	m 放料位	1 车，2 铣

三、PLC 与机器人数据交互表

PLC 与机器人数据交互表见表 6-8。

表 6-3　PLC 与机器人数据交互表

机器人内部地址	功　能	变量类型	定义功能	值说明	PLC 变量名称	机器人变量名	地　址	备　注
1	写	Int	J1 轴实时坐标值	（系统数据）J1 轴实时坐标值	Joint1_coor	a1.pfb	DB101.DBW0	
2	写	Int	J2 轴实时坐标值	（系统数据）J2 轴实时坐标值	Joint2_coor	a2.pfb	DB101.DBW2	
3	写	Int	J3 轴实时坐标值	（系统数据）J3 轴实时坐标值	Joint3_coor	a3.pfb	DB101.DBW4	
4	写	Int	J4 轴实时坐标值	（系统数据）J4 轴实时坐标值	Joint4_coor	a4.pfb	DB101.DBW6	
5	写	Int	J5 轴实时坐标值	（系统数据）J5 轴实时坐标值	Joint5_coor	a5.pfb	DB101.DBW8	
6	写	Int	J6 轴实时坐标值	（系统数据）J6 轴实时坐标值	Joint6_coor	a6.pfb	DB101.DBW10	
7	写	Int	E1 轴实时坐标值	（系统数据）E1 轴实时坐标值	Joint7_coor	a7.pfb	DB101.DBW12	
8	写	Int	机器人状态	（系统数据）机器人状态	Robot_status	oSYS_ERR	DB101.DBW14	
9	写	Int	机器人 home 位（第 2 参考点）确认	（系统数据）机器人 home 位	Robot_position_comfirm	oIN_REF[1]	DB101.DBW16	

续 表

机器人内部地址	功 能	变量类型	定义功能	值说明	PLC 变量名称	机器人变量名	地 址	备 注
10	写	Int	机器人模式	（系统数据）机器人模式	Robot_manual	oMANUAL_MODE	DB101.DBW18	1—手动 2—自动
11	写	Int	机器人运行状态 忙/空闲	IR[90] 0: 空闲 1：忙			DB101.DBW20	
12	写	Int	取料位置响应	IR[11]			DB101.DBW22	
13	写	Int	放料位置响应	IR[12]			DB101.DBW24	
14	写	Int	设备号响应	IR[13]			DB101.DBW26	
15	写	Int	RFID 位置	IR[14]			DB101.DBW28	
16	写	Int	机器人-PLC 要求命令	IR[24] 3—车床加紧；4—车床松开；5—铣床夹紧；6—铣床松开；7—机床启动；8—报警；9—RFID 完成；11—车床放料完成；12—车床取料完成；13—CNC 放料完成；14—CNC 取料完成；15—料仓放料完成			DB101.DBW30	

续 表

机器人内部地址	功能	变量类型	定义功能	值说明	PLC 变量名称	机器人变量名	地址	备注
1	读	Int	取料位	IR[15]			DB101.DBW32	
2	读	Int	放料位	IR[16]			DB101.DBW34	
3	读	Int	设备号	IR[17] 1—车床 2—铣床			DB101.DBW36	
4	读	Int	RFID 读写完成	IR[18]			DB101.DBW38	
5	读	Int	车床安全门	IR[19] 0—打开； 1—关闭			DB101.DBW40	
6	读	Int	加工中心安全门	IR[20] 0—打开； 1—关闭			DB101.DBW42	
7	读	Int	复位	IR[21]			DB101.DBW44	
8	读	Int	外部使能信号	外部使能 —保持			DB101.DBW46	
9	读	Int	RFID 开始读写	IR[23]			DB101.DBW48	

续　表

机器人内部地址	功　能	变量类型	定义功能	值说明	PLC 变量名称	机器人变量名	地　址	备　注
10	读	Int	确认信号	IR[25]			DB101.DBW50	PLC 发送机器人启动命令
11	读	Int	车床卡盘信号	IR[26]　1—关闭；　0—打开			DB101.DBW52	
12	读	Int	CNC 卡盘信号	IR[27]　1—关闭；0—打开			DB101.DBW54	
13	读	Int	取料产品型号	IR[28]			DB101.DBW56	
14	读	Int	放料产品型号	IR[29]			DB101.DBW58	料仓放料完成反馈信号
15	读	int	HMI 信号	IR[31]　1—HMI 发出的指令（不执行机床启动）			DB101.DBW60	

续　表

机器人内部地址	功　能	变量类型	定义功能	值说明	PLC 变量名称	机器人变量名	地　址	备　注
16	读	int	外部模式启动信号（下降沿有效）	1—加载程序			DB101.DBW62	
				2—开始运行程序				
				3—暂停运行程序				
				4—回复运行程序				

第四节 封装程序块引脚定义

一、 MES 封装程序

（一）MesCmdExchange 指令详解

MesCmdExchange 指令模块如图 6-3 所示。

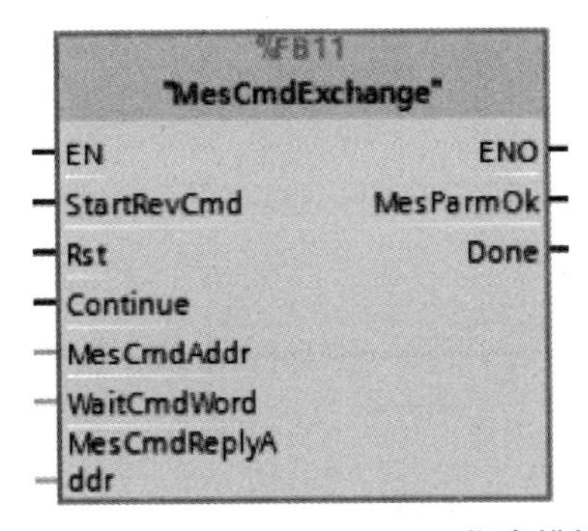

图 6-3 MesCmdExchange 指令模块

表 6-9 为 MesCmdExchange 模块输入管脚定义。

表 6-9 mescmdexchange 模块输入管脚定义

输　入	数据类型	注　释
StartRevCmd	Bool	接收 MES 命令使能，一直为 TRUE 即可
Rst	Bool	复位程序块，正常 PLC 上电初始化一次即可
Continue	Bool	当输出信号 Done 有效时，等待用户确认当前指定 MES 命令完成，用户给出该信号后才能继续处理后面的 MES 命令。该信号有效后模块输出信号 Done 复位，然后用户需要复位输入的 Continue 信号
MesCmdAddr	Int	MES 命令码通信地址
WaitCmdWord	Int	需要解析的 MES 命令号（如 102 等）

表 6-10 为 MesCmdExchange 模块输出管脚定义。

表 6-10 mescmdexchange 模块输出管脚定义

输　出	数据类型	注　释
MesParmOK	Int	通知 PLC 读取 MES 参数（保持一个 PLC 扫描周期信号），目前也可以用该模块的 Done 信号取参数
Done	Bool	MES 与 PLC 命令交互完成，即当模块执行完成，当 Continue 为 FALSE 时该信号复位

表 6-11 为 MesCmdExchange 模块输入输出管脚定义。

表 6-11 mescmdexchange 模块输入输出管脚定义

输入 / 输出	数据类型	注　释
MesCmdReplyAddr	Int	PLC 应答给 MES 的命令通信地址

（二）MES 封装程序指令详解

PLC → MES 命令解析控制函数块如图 6-4 所示。

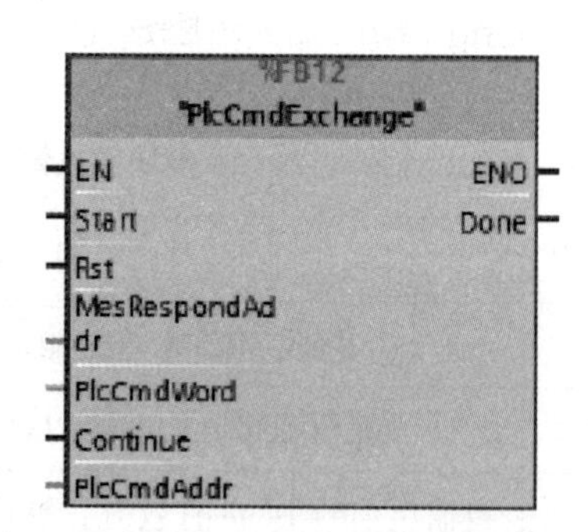

图 6-4 PLC → MES 命令解析控制函数块

功能说明：PLC 向 MES 发送命令并等待 MES 应答模块，如果命令带参数，则命令参数需要用户自己写入与 MES 通信的数据地址交换区，再触发该模块进行工作。

表 6-12 为模块输入管脚定义。

表 6-12　PLC→MES 命令解析控制函数模块输入管脚定义

输　入	数据类型	注　释
Start	Bool	向 MES 发送命令启动信号，脉冲信号，上升沿有效
Rst	Bool	复位程序块，正常 PLC 上电初始化一次即可
MesRespondAddr	Int	MES 向 PLC 发送的响应代码命令码通信地址
PlcCmdWord	Int	MES 命令码通信地址
WaitCmdWord	Int	PLC 发送给 MES 的命令号（如 202 等）
Continue	Bool	当该模块的输出 Done 信号有效时，PLC 处理信号完成等待，用户确认完成后，给出该信号后才能继续处理后面的向 MES 发送新命令。当该信号置位时会复位该模块输出的 Done 信号，然后用户需要复位输入的 Continue 信号

表 6-13 为 PLC → MES 命令解析控制函数块模块输出管脚定义。

表 6-13　PLC→MES 命令解析控制函数块模块输出管脚定义

输　出	数据类型	注　释
Done	Bool	MES 与 PLC 命令交互完成，即当模块执行完成，当 Continue 为 FALSE 时该信号复位

表 6-14 为 PLC → MES 命令解析控制函数块模块输入输出管脚定义。

表 6-14　PLC→MES 命令解析控制函数块模块输入输出管脚定义

输入 / 输出	数据类型	注　释
PlcCmdAddr	Int	PLC 发送给 MES 的命令通信地址

（三）与 MES 通信函数模块使用说明

MES 运行命令解析控制函数块如图 6-5 所示。

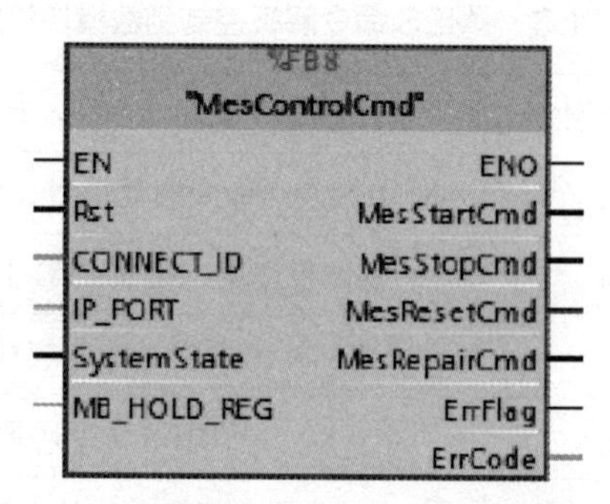

图 6–5　MES 运行命令解析控制函数块

功能说明：接收 MES 发送的控制命令函数模块，主要接收 MES 发过来的启动、停止、复位信号。另外，西门子内部的 MES SERVER 的相关通信参数设置信号封装到该模块的输入和输出。

注意：该模块需要放到主程序 Main 中一直保持调用状态，该模块依赖“MesCmdExchange”模块。

表 6–15 为 MES 运行命令解析控制函数块模块输入管脚定义 。

表 6–15　MES 运行命令解析控制函数块模块输入管脚定义

输入	数据类型	注释
Start	Bool	向 MES 发送命令启动信号，脉冲信号，上升沿有效
Rst	Bool	复位程序块，正常 PLC 上电初始化一次即可
CONNECT_ID	Int	ModbusTcp 通信设置的连接 ID（参考西门子内部模块 MB_SERVER 关于该接口定义）
IP_PORT	Int	ModbusTcp 通信设置的端口号（参考西门子内部模块 MB_SERVER 关于该接口定义）
SysteamState	Bool	需要输入系统当前运行中状态。接收 MES 的启动命令后该接口需要为高电平，MES 发送停止命令后该引脚需要输入低电平。需要注意的是输入 SysteamState 信号需要处理正确，否则返修和复位命令信号有误。该接口需要根据该模块的输出脚的 MES 启动和停止命令准确进行更新。当 SysteamState 为 FALSE 时，MES 发送 100 为通知机床复位；当 SysteamState 为 TRUE 时，MES 发送 100 为通知加工中心返修命令

表 6-16 为 MES 运行命令解析控制函数块模块输出管脚定义。

表 6-16　MES 运行命令解析控制函数块模块输出管脚定义

输出	数据类型	注释
MesStartCmd	Bool	MES 向 PLC 发送的开始命令（保持一个 PLC 扫描周期信号）
MesStopCmd	Bool	MES 向 PLC 发送的停止命令（保持一个 PLC 扫描周期信号）
MesResetCmd	Bool	MES 向 PLC 发送的复位命令（保持一个 PLC 扫描周期信号）
ErrFlag	Bool	模块通信出错标志位，True 为通信出错
ErrCode	Bool	模块通信错误代码（参考西门子内部模块 MB_SERVER 输出错误通信代码定义）

表 6-17 为 MES 运行命令解析控制函数块模块输入 / 输出管脚定义。

表 6-17　MES 运行命令解析控制函数块模块输入 / 输出管脚定义

输入 / 输出	数据类型	注释
MB_HOLD_REG	INT	ModbusTcp 通信设置的数据交互区（参考西门子内部模块 MB_SERVER 关于该接口的定义）

参考文献

[1] 王芳，赵中宁．智能制造基础与应用 [M]．北京：机械工业出版社，2018.

[2] 金碚．中国制造 2025[M]．北京：中信出版集团，2015.

[3] 张小红，秦威．智能制造导论 [M]．上海：上海交通大学出版社，2019.

[4] 叶晖．工业机器人工程应用虚拟仿真教程 [M]．北京：机械工业出版社，2013.

[5] 邵长文．数控铣削项目教程 [M]．武汉：华中科技大学出版社，2009.

[6] 赵莹．数控车床编程与实训 [M]．上海：上海交通大学出版社，2019.

[7] 叶晖，管小清．工业机器人实操与应用技巧 [M]．北京：机械工业出版社，2010.

[8] 范次猛．PLC 编程与应用技术 [M]．武汉：华中科技大学出版社，2015.